宝宝的第一年

[德国]达格玛·冯·克拉姆　胡贝图斯·冯·福斯
埃伯哈德·施密特　伊丽莎白·施密特　著
徐丽娜　译

陕西新华出版传媒集团
太白文艺出版社

0–1 岁一览表

	第1个月	第2个月	第3个月
成长	您的宝宝会聚精会神地望着您。两周后他便有了“天使般的微笑”（参见第194页）。 两周左右时您可以开始为宝宝做抚触：这是通过皮肤传递的语言（参见第180页）。	您的宝宝会向每个人微笑，这种微笑会让身边人都爱上他。 他开始尝试着抬头。	当您和宝宝说话时，他会转向您。
健康	在产房对宝宝进行第一次检查：这时您的宝宝就有了最初的“音符”（参见第202页）。 注意：听觉和嗅觉测试。 宝宝3—10天：这期间医生会为宝宝做详细的检查，检查宝宝是否有新陈代谢方面的疾病。	宝宝4—6周时，医生会为宝宝进行第三次检查：与第二次检查类似，但这次检查医生会更加仔细地检查宝宝的运动机能。	宝宝3—4个月时，医生会为宝宝行第四次检查：不仅仅是全面检查，还要为宝宝制定接种疫苗时间表（见第209页）。 间隔4周进行第二次疫苗接种。
食物	第一次哺乳：初乳。 很快您就会有母乳。 更多信息参见第94页。	您的宝宝还不能用勺子，他只能依靠吸吮进食。	在接下来的几周您会有更多的睡眠间，因为您的宝宝不再总是需要您间为他哺乳（参见第101页）。
您和您的家人	从宝宝出生的第一天开始，您就可以准备做产后恢复操：适量，但要有规律！练习操请参见第163页。 这段时间里您会有一点产后抑郁，但会慢慢变弱。 办理宝宝出生手续。 参见第29页。	产后恶露会流尽。 现在您可以为宝宝洗礼——及时询问教父。	宝宝出生8周后您的生育社会保障结束了。对您来说马上投入到工作并非易事。您的相关权利请参见273页。

第4个月	第5个月	第6个月
宝宝开始抓取玩具……	自5个月起，宝宝开始伸手去抓远处的东西（参见第179页）。 小心有棱角的家具：您的宝宝现在还不能快速转身。	可以开始和宝宝做游戏了！宝宝开始用腹部“游泳”，把他的脚当作玩具。
	再过4周进行第三次疫苗接种。	满6个月的宝宝体重应该是他出生时体重的两倍。
不能为宝宝哺乳的妈妈，应该喂宝宝初级婴儿食品，在宝宝1周岁之前不要更换婴儿食品（参见第115页）。	您可以最早在宝宝5个月时为他添加辅食——午餐粥。配方参见第130页。	现在您可以在晚上为宝宝添加全脂牛奶粥（配方参见第132页）。 如果您为宝宝添加辅食的同时，还继续为宝宝哺乳则更好。
您还有兴趣外出吗？尽可能准备周详吧！更多帮助详见第261页。		爱好运动的妈妈，现在可以做运动了。是否报名参加健身班？您可以咨询相关课程。

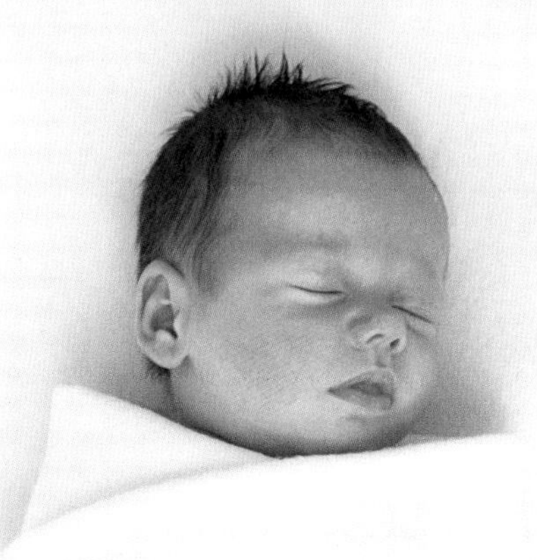

一切尽在掌握

本书旨在宝宝出生的第一年为您提供建议和帮助，但您仍需自己决定是否采纳以及采纳多少本书的建议。宝宝和母亲有病痛时应首先听取医生的建议。鉴于相关法律的短期变化性，我们不能完全保证有关法律陈述的正确性，所以谨慎起见您最好向相关部门咨询。

没有任何事像宝宝出生那么令人感动，令人激动，令人疲惫却又那么美好，抚养宝宝的过程也是一样——尤其是宝宝出生的第一年。施密特教授作为4个孩子的父亲，而我作为3个孩子的母亲对此有切身的体会。17年前我们共同完成了这本书，而后顺应时代发展，不断修订它。在此期间，我们的孩子已经长大了（比你们想象的快得多）。如今我又再次回顾了孩子的出生、发育和成长，同时用更多的时间了解最新育儿科学的发展。

施密特教授于2005年去世。他曾经的学生兼同事胡贝图斯·冯·福斯——儿科及青年医学专家，慕尼黑儿童中心的教授，现在是两个男孩的父亲——具有婴儿健康方面的专业知识及多年的实践经验。埃贝哈德·施密特的女儿伊丽莎白·施密特是一名律师，作为一名法律工作者，她依据当前的法律修订了“您的权利”这一节。虽然施密特教授本人并未参与本次修订，但他的同事接受了这项任务。本书的初衷始终保持不变：让父母在与宝宝相处的过程中更加从容和淡定。若您在此方面有多年的经验，欢迎您对本书提出宝贵意见。

宝宝出生的第一年对于父母和孩子来说都是一个不断学习的过程。所以本书“给爸爸们的特别建议”也会给懒于阅读的男人们一些指点：照顾宝宝是夫妻双方共同的事情，但这件事情并不简单，需要父母双方不断地学习。然而越来越低的出生率及越来越小的家庭规模，使得父母缺少学习的榜样和相应的实践。其结果是人们在照看宝宝的过程中但求无错，并没有更高的要求。

希望我们的建议、方法以及最前沿的信息能让您更有能力照顾好您的宝宝，让您和您的家庭变得更强大。

我们非常高兴再次研究育婴这一课题。许多事物随着时间的推移在不断变化，然而令人欣慰的是，最重要的东西始终保持不变：相信自己的感觉，总结规律并且遵循这些规律。这样您才能为您的孩子提供爱、依靠和指引。

我们希望您通过阅读本书获得丰富的经验，和您的宝宝美妙地度过第一年！

达格玛·冯·克拉姆

2012年

开始冒险之旅

没有任何事情如第一个宝宝出生那样彻底地改变您的生活。若您做好准备，您会事半功倍。在这一章您将了解到，宝宝出生的最初几天里您需要注意哪些事情，您如何顺利地开始产褥期以及您在家里可以做些什么。

在分娩后的最初几个小时里，时间仿佛停止了。也许您是兴奋的，也许您是失望的，或者仅仅感觉疲惫。对您来说所有的事都改变了，然而外面的一切却一如既往按照它们的节奏在进行。首先，别担心，回到家您的丈夫会帮助您。

宝宝出生的最初几天

母亲对于宝宝出生的感受不尽相同。如果您没有立刻感受到强烈的幸福感，也不必担心：这完全正常。您和您的宝宝刚刚经历了分娩这个艰难的过程，都需要好好休养。然而正是在宝宝出生最初的这几个小时，他需要和您建立内心的联系。如果您感觉精力尚可，在这段时间请不要让宝宝离开自己，因为对你们来说每分钟都是宝贵的。

接下来的几天里，您体内的激素会发生变化，这种变化会让您觉得有负担。乳房已经开始肿胀，您必须学会哺乳。

您的宝宝最初几天可能睡眠时间较长。在这段时间里您要试着尽量和宝宝待在一起以加深对彼此的了解，这会减弱产后抑郁——年轻母亲在分娩后常出现的沮丧情绪。

在您出院后，保持沉着和自信会让您更好地照顾宝宝。若您和丈夫或朋友在宝宝出生前就准备好了所有必要的东西，这时您会发现这样做非常明智。

产褥期对您来说是一个煎熬的时期，您要保养好自己。听从我们的建议会让您在最初的这段时间里放松。尽量寻求帮助，这样您能更好地照顾宝宝并且快速恢复。

分娩后

随着宝宝或犹豫或有力的第一声啼哭，他宣告自己来到这个世界——一个令人激动的时刻！若所有事情都如预想的那样进展顺利，您可以触摸您的宝宝，感受他的肌肤。为了防止宝宝湿着的身体感到寒冷，您应为他盖上被子。您应该和宝宝的父亲共同享受这个新家庭成员诞生的时刻。

当然这个时刻不会持续太久，因为医生还要剪断宝宝的脐带。在许多医院，助产士会让父亲来做这件事。您的宝宝在您的怀里待多久取决于宝宝是否健康强壮（参见第 197 页），是否存在体温降低的风险。健康的宝宝可以在妈妈身边多待一会儿。

接着开始 1 检(参见第 196 页)——第一次“检查”的早期诊断，之后您的宝宝穿好衣服再次被带到您的身边。此刻是为宝宝哺乳的最佳时间（参见第 8 页）。请您尽情享受这段时光，虽然产房里很忙碌，但您应该让自己为这个新家庭保留一份宁静和悠闲，充分享受这段宝贵的时光。

无论是在家还是在医院分娩，若一切进展顺利，产妇一定能舒适地度过这段时间。

接受宝宝

大多数情况下母亲和宝宝在生产后的几个小时中都很清醒。你们应做好了解彼此和接受彼此的准备。因此，在这段宝贵的时间里，母亲和宝宝不应该分开或因为无谓的忙碌而被打扰。宝宝已经准备好吸吮乳汁。如果您此刻为他哺乳，那您就做对了。您的宝宝不仅仅汲取您的乳汁，他还可以听到您的声音，看到您的脸——即使不太清晰，并且能够记住您身体的特殊气味，您也一样。这段时间母亲和宝宝接触得越频繁，你们此后的关系就越紧密——紧密到闭着眼睛就可以识别出对方。

父亲的参与

父亲和母亲都要参与到怀孕和生产这个过程中来，而且父亲应该给予母亲极大的支持。当父亲第一次抱起宝宝时，他的责任感便被唤醒，这也有利于父亲和宝宝建立起紧密的关系。如果父亲也参与到生产的过程中来，并且在第一时间触摸宝宝，抱他，与他对望，就有利于加强父亲和宝宝的联系。如果宝宝的母亲出于健康原因在宝宝出生后不能立刻照看他，父亲的照顾对于宝宝来说就显得尤为重要。不仅在宝宝出生的时刻父母双方要共同参与，在接下来的几天也应如此。因为这是父母和宝宝彼此理解的基础。

父母对于如何正确照看宝宝都有源自天性的直觉，只是需要更多的摸索和来自他人的鼓励。

注意：

如果最初的几天与您设想的不同，如果您或宝宝需要接受治疗，请不要灰心。因为在您和宝宝的关系中没有任何事情是“绝对”的。您最初没有做到的事情，可以在以后的时间里弥补。尽管如此，仍请您尽可能多地陪伴您的孩子。

第一次哺乳——为母乳喂养做准备

第一次哺乳也是一个激动人心的时刻。为了避免您的宝宝受凉，第一次哺乳时您需要助产士的帮助。

也许您认为“不会有什么事情发生”，您的宝宝只是喝少量的初乳。不过虽然第一次哺乳并不能起到真正哺乳的作用，但初乳包含很多对抗感染的抗体。此外，您要注意，宝宝在接下来的几天会排泄略带黑色的粪便，即“胎便”。

第一次哺乳和真正的哺乳没有太大关系。如果您想很快熟悉哺乳方法，第一次哺乳是非常有益的。这会令您接下来几天里的尝试变得更容易。这里有一些基本规则：

- 请您用舒服的姿势躺着或坐着进行哺乳。
- 第一次哺乳并不难，您的宝宝会迎合您：他尝试性地晃动他的头。如果您用中指和食指夹住您的乳头，就可以温柔地向正确的方向引导宝宝。请让您的乳房避开宝宝的鼻孔，以便他可以自由呼吸。非常重要的是：您的宝宝应该含住您的整个乳头，如果仅咬住一部分，您会感觉非常疼痛，并且乳头会很快受伤。
- 如果您的宝宝现在一直在吸吮乳汁，您尽管让他吸吮。您绝不能简单地把宝宝从胸前拖走阻止他的吸吮。您应该用小手指推动他的嘴角，以减少吸吮的压力。
- 更多有关哺乳方法、哺乳时长、哺乳频率以及在遇到问题时如何快速求助的内容，请参看第 86 页。

剖腹产

每 4—5 个宝宝中就有一个通过剖

乳房并不仅仅用于哺乳，它可以让您的宝宝感受到安全感，并感觉很享受。

腹产手术出生。剖腹产手术通常并非在计划之中，但是出于对母亲和宝宝的安全考虑必须实施手术。一些人会因此而失望，因为有些剖腹产手术需要全身麻醉，妈妈们不能完整地经历生产这个过程，不能自主地分娩。请您不要为此而伤心，良好的情绪会给新的开始以力量。您的丈夫会帮助您照顾宝宝。有时有些产妇很早就计划剖腹产。先进的手术技术会让您觉得手术并不是那么让人难过的事情。如果有可能，您可以接受硬脊膜外麻醉（PDA，局部麻醉）。这样您可以在有意识的状态下进行剖腹产手术。这种硬脊膜外麻醉技术可让您在生产数小时后就能下床，正常进食，并且可以和宝宝共处一室。在一些医院，剖腹产过程中您的丈夫可以像正常生产一样陪在您身边，可以在术后和母婴同室。尽管如此，剖腹产是您的身体必须承受的手术：4—6天之后若一切顺利，您才可以回家。产后营养丰富的饮食对您来说很重要。

剖腹产后的哺乳

剖腹产后您也可以进行哺乳。有可能您的奶水形成得有些慢，在最初的几天您的乳房会有些不舒服。大多数情况下产妇在术后就可以直接哺乳。很快您就能够翻身了，能够在助产士的帮助下为宝宝进行哺乳。

- 有时候产妇剖腹产后奶水的形成会有2—3天的延迟，但是大部分产妇在手术后都可以正常哺乳。

产房照顾

医生知道，一个宝宝的出生不仅是医学事件，更是一个家庭的大事。出于安全考虑，一般情况下分娩都是在医院进行，在最初的几个小时产妇需要一系列的医疗措施。

- 在产房时医生会为您的宝宝做第一次身体检查，即前面提到的1检。

如何得知医院是否在帮助母亲哺乳方面比较突出？（依据世界卫生组织标准）

- 在您怀孕期间为您提供有关哺乳的信息和建议（分娩前的准备工作）。
- 让您在宝宝出生后的 30 分钟内就可以进行哺乳。
- 提醒您不要多食（包括茶和水）。
- 24 小时母婴同室。
- 按需求为您提供催乳服务。
- 不为已接受母乳喂养的宝宝提供奶嘴。
- 可以让您与其他哺乳的母亲建立很好的联系。

世界卫生组织和联合国儿童基金会按照非常高的要求为适于哺乳的医院提供证书，并要求医院的工作人员定期参加培训。

结果会被录入相关的手册当中，您在出院时可以领取这个手册。一般情况下宝宝在出生后会被放到暖灯下检查。如果宝宝出生非常顺利，助产士和产房医生在产房里就会为宝宝做检查。您应该尽可能全面地了解检查的过程，宝宝的检查结果对您来说非常重要。若您有不清楚之处，请立即询问。

- 为了确定宝宝脐带的 pH，在宝宝出生时已经有一些血液从脐带中被取出。这个数值是衡量宝宝新陈代谢是否正常的依据（宝宝出生后的 pH 正常值在 7.20—7.38 之间）。这个数值也会被记入手册。
- 若宝宝在出生时不慎吸入了一些分泌物，分泌物必须被吸出；若宝宝刚出生时呼吸困难，可利用呼吸袋帮助其呼吸。
- 用于对抗咽部发炎的硝酸银现在已不用于新生儿——若需使用，必须在分娩前得到您的许可。若母亲生殖道有感染，则需要在怀孕期间进行治疗。
- 此外，新生儿会得到两滴维生素 K，用于预防凝血功能障碍（参见第 197 页）。

若宝宝状况不佳

在医生试图安慰您时，您可能很快感受到宝宝状况不佳。为了判断您的宝宝可能出现的功能性障碍，熟练的助产士会借助一个大的机器。现今，在每个现代化的产房里都有这样的机器，以便起到辅助作用。有时宝宝会出现短暂的适应性障碍，这种障碍可通过吸氧来消除。若宝宝可能出现较严重的障碍，医生会事先告知您宝宝可能存在的问题。产房医护人员会提前做好准备，并且会从最近的儿童医院调请一个专家团队为您的孩子提供全面的帮助。若有必要，他们还将为您的孩子提供辅助呼吸帮助。

另外，您的宝宝会被送往儿童医院，在那里您的宝宝将得到专业的医治。

若宝宝必须转院

- 请您定期联系宝宝所在医院。如果您每天打几个电话也是可以理解的。
- 对于父亲来说非常重要的是：他可以每天多次去看望宝宝，抚摸他，和他讲话并且和您聊一聊宝宝。此外，父亲还可以每天向医生和护士询问宝宝的状况，这样母亲也可以更好地了解宝宝的情况。
- 只要您的医生允许，您也可以

在家分娩以及门诊分娩

大部分准妈妈希望在一个熟悉的环境里分娩，当然前提是要在一位训练有素的助产士的照顾下分娩，并且要有妇科医生的指导。

然而，如果出现复杂的情况或宝宝状况不佳怎么办？可以立即联系上儿科医生吗？能够实施急救的最近的医院距离多远？通常几分钟内大人或宝宝的病情就有可能加重。

门诊分娩是一个好的选择。若您在大医院或者妇产医院分娩，且一切顺利，几个小时后您就可以回家。在接下来的几天会有助产士上门照顾您（参见第28页）。（德国允许准妈妈们在家分娩，但请注意我国情况并不是这样。——编者注）

请您考虑家里的状况：如果家里没有太多事情等着您去做，您在分娩后的几天里可以待在自己家里。

去看望宝宝。您可以看看他，抱抱他，这样可减少您对宝宝的担忧，减少最初的恐惧。

• 如果宝宝不能配合您哺乳，请您不要放弃。您可以用吸奶器为宝宝吸奶（参见第100页）——在某些情况下您可以通过导管把乳汁喂给宝宝。若您和宝宝分开，例如宝宝在儿童医院，您需要把抽取的乳汁立即送到宝宝处。您的宝宝康复时，您可以尝试为他哺乳。请您小心地尝试，让他吸吮一小会儿。若仍未成功，请您保持耐心。几个星期后宝宝就会学会在您的胸前吸吮奶水，当您看到自己的宝宝已会吸吮时，您会感到极大的快乐！

• 若您得知您的宝宝需要在儿童医院住一段时间，而您在剖腹产后也必须待在医院，您可以询问您的医生您是否可以转到儿童医院附近的医院，以便您离自己的宝宝近一些，方便哺乳等。

新生儿

人们往往想象新生儿会有红彤彤、圆润的面颊，然而事实上他们被胎脂覆盖着（参见第13页），看起来有点像染了些蓝红色的液体，长长的脐带与胎盘连接着。您的宝宝离开您的子宫进入这个世界，这对他来说是一件严峻的事。当您剪断脐带，抱起他，而他开始吸吮，您一定感觉棒极了。在宝宝出生后的几天里，这个有着十分特殊的、充满智慧的目光以及面部表情的小家伙好像在说：我有这样一种感觉，在这世上我有很长的路要走。

生物学家非常客观地看待这件事，他们把宝宝称作大脑还未发育完全的胎儿，他需要一年的时间成为一个发育完全的孩子。当然新生儿也并非没有任何能力。通过对新生儿的研究我们发现，他们拥有许多惊人的能力。然而关于他们的心理活动我们还知之甚少，对此我们能做的仅仅是猜测。

法国的妇科医生、助产士弗雷德里克·勒博耶（Frédérick Leboyer）有专门的著作，从新生儿的感知出发，教我们如何从新生儿的角度去观察分娩这件事。对新生儿这个小生物的重视、爱以及对产后知识的了解，将会让父母有一种别样的体验。

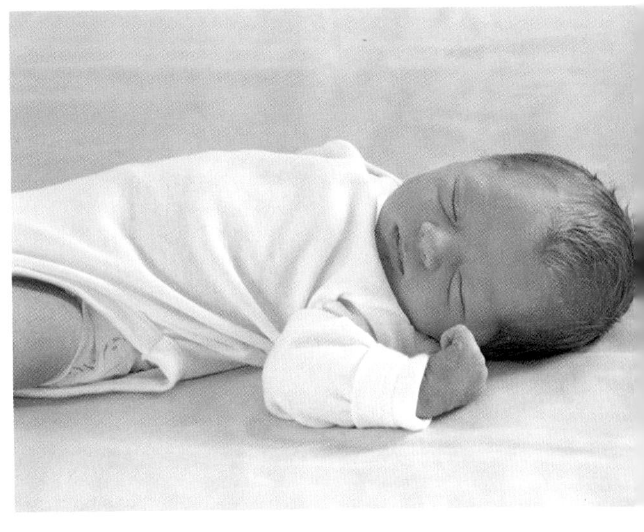

新生儿身体还很柔弱，但他们已经有了很强的心理能力。

换位思考

人们往往习惯于从产妇的角度来看待分娩。然而母亲经历了地狱般的痛苦把宝宝带到这个世界上的过程对于宝宝来说意味着什么呢?

● 宝宝从相对温暖的母体内被带到了一个相对寒冷的环境。所以新生儿出生后，应立即把他擦干，用毛巾包裹起来放在母亲的腹部。从此他的身体必须独立地保持温度平衡。最初在脖子、肩膀、肾脏和主动脉周围的褐色脂肪组织会帮助他维持体温的平衡。在外部温度过低时，这些组织会自动提供热量，但这些脂肪组织在宝宝出生一段时间后大部分会消失。

● 在母体内时因为羊水的作用，胎儿悬浮在母体内，而出生后，重力就会作用在婴儿身上，这会使他的每个动作都非常费力，尤其是头部的移动。若婴儿仰躺着，他最多可以把头偏向一侧，活动手脚。他还不能移动到其他地方去。

● 胎儿的皮肤最初接触的仅仅是温软的羊水，而现在不得不面对干燥的、粗糙的外部世界。所以在为宝宝穿衣服之前，应先为宝宝做抚触，这对宝宝非常有益。新生儿身上的胎脂需保留几天，不要立即洗去，这些胎脂对新生儿的皮肤有一定的保护作用。若为新生儿洗澡，仅适合用清水简单洗一下。

● 在分娩的那一刻，宝宝才需要空气中的氧气。在母体内，母体通过脐带为胎儿提供氧气。若有必要，医生会为宝宝吸走上呼吸道残留的液体。新生儿第一次呼吸时，空气充满肺泡，他便开始了呼吸的循环过程。

• 第一次呼吸后，由于压力的变化，位于左右心房隔膜上的卵圆孔闭合，由此血液的流通有了新的通道：婴儿不再依赖于母体，开始了独立的血液循环过程。这个过程仅需要几分钟，然而并非很突然。所以医生会在脐带不再有节奏地跳动时才剪断脐带。

• 在母体内时胎儿不知道什么是饥饿。在与母体分开后，婴儿必须自己寻求能量供应。最初婴儿胃中羊水的糖分会为其提供能量，但因能量贮备较少，婴儿很快就需要能量供给，所以初乳对新生儿来说非常重要。

• 宝宝真正见识到了这个世界的光。在母体中时，胎儿双眼紧闭，只能透过眼睑感知到朦胧的光线。

• 在母体内，胎儿仅能听到母亲微弱的声音，出生后，母亲的每个发音都清晰地萦绕在他耳边。母亲应该轻声地和宝宝说话，房间里的其他人也应该这样。

总之，新生儿经受了巨大的改变。我们应该帮助他适应这个新世界。安静的环境和亲密的身体接触对宝宝非常有益。对于一个健康的宝宝我们不必过度担心，尽管他看起来脆弱无助，但他完全可以适应环境的变化。

新生儿有哪些能力

• 新生儿已经可以吸吮了。人们通过超声波了解到胎儿在子宫内已经可以吸吮手指了。这是一种很好的练习，这会为宝宝出生后吸吮乳汁做好准备，所以母亲应该尽可能早地为宝宝哺乳。所谓的反射会帮助宝宝找到乳头，然后他通过吸吮获取初乳。若较晚为宝宝哺乳，宝宝将很难学会吸吮母乳。

• 宝宝拥有视力，但在母亲的子宫里他只能区分光亮和黑暗。新生儿视力有限，仅能看到 20 厘米以内的物体——这个距离相当于哺乳时宝宝眼部到母亲脸部的距离。

• 宝宝在出生前 3 个月已经具有听力。在出生后的几天里，宝宝的中耳还存有羊水，这能减弱噪声对宝宝耳朵的冲击。宝宝会对人类的声音做出积极的反应。与成人相比，他们甚至能够接受更广的高音区域。他们一出生就可以定位声音的来源。

• 新生儿的嗅觉会帮助他们找到母亲的胸部。所以即使在黑暗的环境中，宝宝也能准确地找到奶源。在他的所有感官中嗅觉最成熟。

• 新生儿的胃口已经有了偏好，即甜。宝宝们的口味很单一，只喜欢母乳。所有其他的东西都不合宝宝的胃口。这会持续一段时间。

• 即使是很瘦小的新生儿也会哭喊。这是生命给予他们的特殊技能：他们可以以此来寻求父母的帮助。

• 重要的是您的宝宝会抓东西、会吮吸、会吞咽并且能够消化母乳，最重要的是宝宝在成长。

婴儿与生俱来的生理反射功能

反射不受主观控制，自动进行，由脑干控制。新生儿有许多先天性反射功能，这些功能会在最初的几个月消失。人们认为，这些反射功能是我们原始祖先进化的遗存现象。这些反射功能的消失让有意识的行为和运动发展起来。一些反射功能很容易自行消失。

• 如果您用手指按压宝宝的手掌或脚掌，他会用手指握住您的手，小脚也会尝试类似的动作，尽管现在这些动作还是徒劳的。

• 若宝宝感觉到重量的改变，他会双臂伸直，手指张开，双腿挺直，进而双臂互抱（莫罗反射）。

• 若您把宝宝放在一个垫子上，他会尝试着做出迈步的动作。

• 宝宝的第一次微笑，即所谓的天使的微笑（参见第188页）同样属于无意识反射，这种微笑被理解为吃惊的反应。这种反应最早可在第一个星期出现。

• 对宝宝来说最重要的反射是觅食反射，这种反射有利于您哺乳：当您胸部或手指触及宝宝的面颊时，他会晃动头部，直到他找到乳头，进而噘起嘴巴准备吸吮。

分娩后的第一周

如果您不在门诊或家里分娩，您可能会在医院住上几天。住院虽然并不是好事，但是您可以在这里发现一些积极的事情：学会如何了解您的宝宝，第一次给他换尿布、哺乳、喂奶粉。若您的做法有不正确的地方，您可以得到医生、护士的指导。您大概会在医院待上一周的时间。在住院期间您要试着尽快地使身体恢复，因为家里还有一堆事情等着您去处理。

您和宝宝

在分娩后的最初几天，您会惊讶地发现宝宝大多数时间都在睡觉，只能发出些细微的、很轻的声音。因此您就有了很多的自由时间。您要知道，宝宝在极度疲惫后需要自我恢复，另外适应周围的新环境也需要花费很多力气。但是这种情况不会持续太长时间，您要好好利用这段时间恢复自己的身体，这样当宝宝夜里吵闹时，您才有力气应对。

妈妈和宝宝一起睡——哺乳与良好的睡眠条件

母婴共处一室是妈妈和宝宝熟悉的最佳前提。很多调查表明，母亲和婴儿在出生后应该待在一起。您的宝宝从一开始就知道，当他需要您时您就在他身边。母婴共处一室也是成功哺乳的理想前提。如果您的丈夫从一开始就能和你们共处一室，陪护你们，对您来说将会有很大的帮助。

- 一般情况下您的宝宝会睡在您床边的婴儿床上。您也可以让他睡在您的床上：这样哺乳就不会太麻烦。您不必担心会伤害到宝宝。这种熟悉的距离和您身体的温暖对刚刚来到陌生环境的宝宝来说非常有利。有任何疑问时，您都可以和助产士取得联系，进行询问。

- 只有母婴共处一室才能使“按需哺乳”（参见第83页）成为现实。在宝宝奶需求量增加时，“按需哺乳”可以保护妈妈免受疼痛之苦（参见第19页）。即使您不为宝宝哺乳，由您亲自用奶瓶喂奶对宝宝来说也有好处。母婴共处一室值得向所有母亲推荐。

- 如果您和其他生产完的妈妈共同住在一个病房，那么就很难有安静的环境。因此，您通常会希望有一个专属的房间。当您在医院遇到有相同意愿的妈妈时，您可以和她一起搬到新的两人间，晚上两个人都可以让宝宝待在身边。

- 在刚开始照顾宝宝的阶段，宝宝每天晚上哭喊着要喝奶会扰得人睡不着（参见第95页）。专家建议，即便是在夜里也要亲自起来喂宝宝。在宝宝刚出生的几天里，您跟宝宝相处时间越多，此后你们的关系就会越亲密。在您回家之后，您和宝宝的父亲都会感激这一经历。在医院时夜里未能照顾宝宝的人，回到家宝宝在夜里哭闹时，也会束手无策。这会产生一系列难题。在医院里的日子其实是您和宝宝的蜜月期，这也为您将来适应宝宝的存在打下了很好的基础。此外，只要宝宝在您的旁边，您就会知道他的存在，但宝宝只有在真正接触到、感觉到您的时候，他才知道您在他身边。

给爸爸们的特别建议

在和产后的妻子相处时，您要表现出高兴的情绪并且对她表现出一种保护欲。此外，您应该为刚出生的宝宝感到骄傲。您的这些表现可以帮助妻子度过产后的这段困难时期。另外您可能还不知道，您的妻子能否成功给孩子哺乳更多地取决于您。您应该让妻子保持好情绪。如果您的妻子暂时没有母乳，您应该鼓励妻子，让她放松并且增加她的自信心。您要让妻子知道，为了哺乳您已经准备好与她共同努力了。您的表现一定会让她大吃一惊。

注意：

为了让宝宝能睡得更好，许多产科医院晚上会将宝宝带到儿童房。如果夜里宝宝饿醒了，护士会将他带到您身边让您给他哺乳。如果有这样的护理当然很好，但您要知道，夜里医院的医护人员很少，当他们发现宝宝饿了再让护士把他带到您身边时，可能宝宝已经饿了很久。

产褥期

如果在分娩时胎盘从子宫脱落并且作为胞衣被一起分娩出来，胎盘会在它所附着的子宫壁上留下一个很大面积的伤口，但是情况没有传说得那么糟糕。因为血管会很快闭合，产后的残余阵缩可以使伤口变小（参见第20页）。在6—8周后，伤口会有一些和月经相似的分泌物。分泌物刚开始会带血，然后会慢慢变成棕色，最后会变成稀稀拉拉的水状物质。伤口分泌物质的时期就是我们所说的产褥期。但是在今天坐月子的现象不那么普遍了。有些刚经历了分娩的女性第二天就在浴室唱着歌洗澡了，做起家务也得心应手，并且给宝宝哺乳也完全不会受影响。

您的身体发生了哪些变化

身体的实际情况与从前不一样了，因此精心护理仍是必要的，并且要注意预防可能会发生的继发性出血。在这一时期，女性的身体会发生明显变化。比如：

- 您的子宫重量会从约1千克减轻到70克左右。
- 孕激素水平会从宝宝出生起直线下降。
- 催产素的产生会持续增加并且在您与宝宝接触时得到刺激。此外，您的胸部也会变大。
- 停止分泌黄体酮，仍未出现月经。
- 身体会排出孕期在体内储存的液体。

总的来说，在经历了辛苦的分娩后，您的身体消耗极为严重。睡眠不足会加重您身体虚弱的状况。此外，还可能会出现其他状况，比如家里人对您不理解，甚至还对您提出很多要求。这些产后危机您在生产前就需要考虑。

子宫恶露

子宫恶露只是一种伤口的分泌物，其可能出现的并发症是产褥热及胸部发炎。因此在排尿或排便后一定要用香皂彻底清洁手部。

- 子宫恶露会持续6—8周。如果恶露很多，您就需要使用医院提供的看起来与普通护垫相似的医用护垫。之后您可以使用普通的绷带。只有在经历了一次正常月经后您才可以使用

在宝宝出生后的前几天，您应该尽可能频繁地将宝宝抱到自己的床上，这样对你们双方都好。

卫生棉。

• 只要不太过分，适当的小心谨慎肯定没错。在产褥期最好不要用肥皂洗全身浴。现在还不是洗全身浴的时候，若您睡了一晚出了很多汗，简单地用水冲洗一下也很舒服。如果您仍然想好好地洗澡，至少需要等大约一周的时间。

喷乳反射

喷乳反射俗称奶阵。妈妈们在分娩后的第 2 天和第 3 天之间就会产生母乳，但是分娩后的前几天只有少量宝宝爱喝的初乳。如果您短时间内不能给宝宝哺乳，您的胸部可能会明显地肿胀。这种肿胀的感觉就像在胸部塞了两块木块。其原因是血液和淋巴液都流向了胸部。如果您的胸部因肿胀而变硬，宝宝为了吮吸会抓住乳头。这种情况下您不能自行挤出乳汁。如果没有宝宝吸吮产生的刺激，胸部就不会流出乳汁。若是乳汁持续不能排出，就很容易产生乳汁瘀滞。

• 最好的预防措施是频繁地让宝宝刺激胸部，这样有助于宝宝在喷乳反射期间变得精力充沛且像出生后的几小时一样喝奶意愿十分强烈。

• 如果您没有信心，可以叫来您的姐妹。她们在您哺乳后会用冷冻的凝胶或者热敷疗法缓解您的紧张感。

• 在哺乳的同时您可以轻柔地按摩胸部。

• 您还可以试着在哺乳时用手擀压胸部，使之变得柔软。

• 1—2 杯的鼠尾草茶可以缓解喷乳反射。

• 一般情况下一天之后甚至不到一天您胸部的肿胀就会消失并重新变得柔软。

产后阵痛

在您幸运地度过了分娩期后，您会感觉很放松并且开始哺乳。当您第一次哺乳时，看到宝宝劲头十足喝奶的样子，您可能会很吃惊。有些女性在第一次分娩后会有强烈的产后阵痛（其他女性最迟在第三次分娩后也会出现产后阵痛）。其原因是婴儿吮吸会促生大量催产素，而催产素会导致子宫收缩，当收缩突然停止时便会产生阵痛。

- 您要积极看待此事，因为随着阵痛子宫在持续变小，这对身体的恢复有很大帮助。在阵痛时您可以通过深呼吸来缓解疼痛。
- 您也可以在腹部放置一个小沙袋减轻症状。
- 助产士的按摩也可以缓解症状。
- 或者在药店购买缓解疼痛的药茶。
- 做体操锻炼盆骨部位（参见第160页）也可缓解症状。
- 在必要时，比如疼痛已经妨碍您为宝宝哺乳时，您可以让医生开些缓解痉挛的药。

若您不打算母乳喂养

如果您从一开始就决定不对宝宝进行母乳喂养，那么您应该在分娩前就把想法告诉医生。建议您还是尽量在宝宝出生后的2—3周喂他母乳，这样可以让宝宝有个好的开始。

- 您需要在阵痛前就在医生处开些抑制乳汁形成的药剂，免得遭受不必要的痛苦。
- 要注意在这一时期摄入比平时少的水分。
- 即使您使用奶粉，仍然需要亲自喂宝宝。因为如果从一开始就把宝宝丢给护士照顾，您与宝宝间的关系就不会太亲密。关于如何选择婴儿奶粉请参见第108—119页。

出汗是正常的

宝宝出生后，母亲体内的组织液逐渐减少。同时，在哺乳期间为了喂养宝宝您应该多饮水。因此您在晚上排尿的次数很可能会增多。组织液主要以汗液的形式排出体外，所以出汗属正常现象。

- 只有在夜间哺乳会使您感到不适。因此，在医院您应该买一件睡衣或披肩。在阴凉的晚上您的身体也会出汗，哺乳15分钟您就会觉得身体不适，也会很容易感冒。

伤口疼痛

如果没有刀口疼痛的情况出现，宝宝出生后的几天会很美好：在分娩时选择剖腹产或会阴切开术的女性中，有三分之二的人在分娩后伤口都会出现问题。她们不知道自己应该如何坐着，每次如厕时她们也很害怕，因为会感到疼痛。我们可以用一些方法来缓解这种疼痛：

- 最好的方法是用含有单宁酸的橡树皮提取物洗半身浴（坐浴）。请您从分娩后的第一天起就这样做。为了确保您不会忘记，您应该把这种洗浴液放入您的药箱中。您最好在家中洗手间安置一个小型坐浴盆（保健品专卖店有售），因为产妇在分娩后的第一周一般不可以洗全身浴。
- 请您不要使用药膏或化妆品，这会产生刺激性的副作用。您可以选择用精油(药房有售)轻柔地按摩伤口。
- 洗浴时最好使用温热的清水和肥皂。
- 如果您在如厕时感到疼痛，如厕后可以用温水清洗外阴部。
- 感染后您可以采用冷敷的方式处理。请您将冰袋放入潮湿的一次性手套中，冷敷伤口大概两分钟。切勿长时间冷敷，否则会引发膀胱炎。
- 充气坐圈可在分娩后的最初几天减轻坐立引起的疼痛。

1—2 周后，刀口会基本愈合。如果您的伤口仍有问题，您应该及时到妇科问诊。

附加建议

有关医院探望：每天来往医院的人已经很多了，然而依然有很多朋友和家人希望来医院探望您，期待您安然无恙、容光焕发地躺在床上。您也希望大家看到宝宝。然而在分娩后的几天里，您应该充分休息，为自己的身体“充电”，这样您才能有足够的精力给宝宝补充能量。令人疲劳的探望只会起到相反的作用。解决办法只有一个：在病房的门上贴上“请勿打扰”的牌子，然后请宝宝的父亲来帮忙。

促进消化

如果您因为伤口还未痊愈，排便时在卫生间里待上几个小时，请别再这样了！腹腔和体内激素水平的突然变化是导致便秘的主要原因，同时您的身体在不断从直肠中吸收水分。这个问题不是用某种单一的方法就可以解决的，这很复杂。此外请您不要服用泻药，因为您尚处于哺乳期。

- 建议您每天服用2—3汤匙的黄色亚麻子，可以与酸奶搅拌后一起服下，并饮用250毫升的水。
- 多饮水不仅可以促进消化，对哺乳也有好处。
- 恢复性运动可促进肠胃运动（参见第160页）。
- 不要食用咖啡、巧克力、可可、甜品，请食用酸奶或全麦食品。
- 食用乳糖，而非是“普通的”糖，例如酸奶中的糖分，坐柔软的椅子。
- 紧急情况下您可以向护士索要栓剂或灌肠的药剂。

宝宝的中期检查

在住院期间，医生会为您的宝宝进行“筛查”。这是一项检测某些特定疾病的检查。之所以进行这项检查是因为每个宝宝都可能出现一系列严重的慢性疾病，若不经过治疗，它们可能会发展为智力损伤。检查还包括一些先天遗传性的新陈代谢类疾病。人体在新陈代谢的过程中会产生一些物质，患有代谢类疾病的宝宝缺失分解这些物质的功能。代谢物质在体内积聚会对大脑产生严重的、不可逆的损害。

宝宝出生几天后，检测血液中物质含量变化可以判断各种疾病，通过及时的针对性治疗可以防止其对身体的损害。主要的方法是避免让宝宝摄入相关蛋白质等。

血斑检测（加思里试验——一种病理学检测）

如今，所有刚出生的宝宝都会在出生后的第五天（也就是在他们摄入了足够的乳蛋白之后）进行加思里试验。检测人员会在宝宝的足跟处取6滴血，在特殊的实验室进行检测。若检测出新陈代谢疾病，会立即准备为宝宝进行治疗。此外，通过这项检测还可以查出甲状腺功能减退的早期症状。患甲状腺功能减退的人若不及时治疗，同样会产生永久性的智力损伤。

注意：

每个新生儿都需进行血斑检测。如果您在宝宝出生后5天内出院，需要协调好由谁来完成检测或递送检测报告，比如医院、自由职业的助产士或是宝宝的儿科医生。这都不重要，重要的是：一定不要忘记做检测！

其他检查

在您出院之前，您的儿科医生会为您的宝宝计划第二次检查（参见第197页）。若宝宝检查时您不在场，检查后您的儿科医生会为您解答疑问。在许多医院，如果儿科医生不能在产房给宝宝做检查的话，会在24小时之内为宝宝做第一次检查。

- 若您在宝宝出生5天内出院，一定要让您选定的儿科医生为宝宝进行第二次检查。

办理宝宝的出生手续

对您来说宝宝已经来到这个世界上，但是对于行政机关来说，只有您在宝宝出生地的户口登记处登记后，宝宝才是真实存在的。

- 户口登记处需要助产士或医院出具的出生证明。如果可能的话，还会要求提供孩子父母的结婚证、户籍卡以及父亲的身份证件。
- 最简单的方法就是让父亲去登记，也可以是母亲。

顺便提一下：在德国，登记时父母必须确定宝宝的姓氏，名字可在之后的任意时间补交。户口登记处会向父母的户口所在地转交登记材料。单亲家庭也是如此，材料会被转交到母亲或父亲的出生登记地。

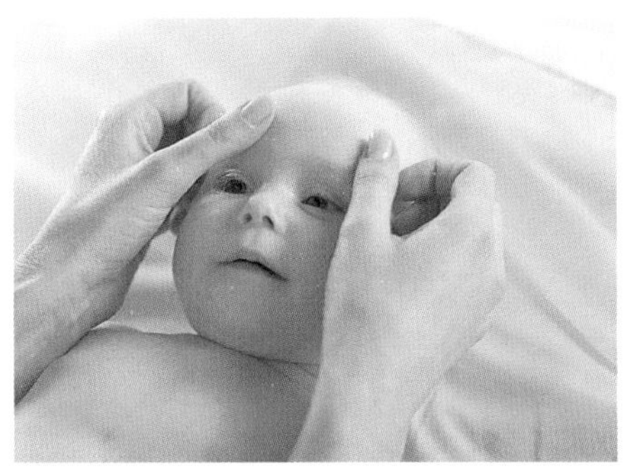

您需要提交的材料（仅适用于德国）：

- 宝宝的出生地点、日期和具体时间；
- 宝宝的性别；
- 宝宝和父母的姓名；
- 父母的居住地；
- 结婚证；
- 父子关系认定书（已婚人士无须提供）。

出院后

盼望的时刻来临了：您终于可以带着宝宝一起回家了。然而等待您的并不是期待已久的幸福感，而是整天不得不面对的宝宝的哭喊声。医院里的井井有条与家里的忙乱形成了鲜明的对比，因为在家里很多事情都需要您亲力亲为。在过去的几天里，您的身体和精神都经受了巨大的变化，然而家和家人都还是老样子。您和以前不同了，您的家人必须接受这个事实。如果您可以避免一切打扰，且您的家人可以为您分担家务，对改善您当前欠佳的状态大有裨益。

带宝宝回家

分娩后第一次回到家，您就像从另一个世界回来了一样。您的目光游走在房间里，尤其是婴儿房，感觉看什么都不顺眼。当我生完第一个宝宝回到家，几分钟后我就坐到床沿上开始大叫，因为摇篮还没装好。在生完第三个孩子之后，家里人预计到了我过度敏感的反应，所有事情都安排得很仔细、很完美，我的第一个孩子还和全班同学一起画了幅欢迎海报。虽然我是有点挑剔，但是感觉很幸福。

其他的叮嘱：能与您感同身受的家人可以减轻您在日常生活中的负担。装饰品，比如一束花、欢迎会上的小酌，和闺密们（不要有客人）在一起的闲暇时间都会对您产生不可估量的正面作用。

采取预防措施

现在您的丈夫和家人负责照顾家庭，您不必参与其中。

- 非常重要的一点是，在刚生完宝宝的时间里，多陪在家人和宝宝的身边。
- 用电话应答机来回复那些电话：不要成为手机的奴隶，您的宝宝才是最重要的。
- 您的丈夫也应该取消所有的应酬，即使是宝宝的爷爷奶奶想来探望，也请他们再等上几天。
- 最重要的是：您要在还未出院时就说出自己的愿望和想法，不要指望您的丈夫从眼神中读出您的愿望，因为这种情况下他也手忙脚乱，不知所措。

理想和现实

照顾宝宝的生活、做母亲的感觉和所憧憬的幸福总是和现实差距很大。对于年轻母亲来说，认识并承认这些问题实在是太难了。她们期望自己非常幸福、满足并且光芒四射，然而事实并非如此。产后抑郁症大多数情况就是在这段时间产生的。可能这一周您还在医院被悉心地照顾着，但下一周状况就完全不一样了。您回到家中，大部分事情需要您独立应对，这就使得大多数年轻父母和他们周围的人手足无措。尤其是男士们，当他们面对自己妻子的情绪波动时常常会感到很不理解。

怀孕和生产给身体带来的负担

- 激素的变化对母亲造成的影响

父亲检查清单

在您的妻子带着宝宝回家之前，请您先行回家，以妻子的眼光好好地审视一下这个家。请您从房门开始检查：

- 最好在房门上挂一个牌子，上面写着“请勿打扰”。
- 地扫了吗？窗户擦了吗？衣服洗熨了吗？厨房收拾了吗？床铺好了吗？
- 花浇了吗？您想到准备一束花来欢迎妻儿回家了吗？
- 冰箱里装满妻子喜欢的食物了吗？有新鲜的食物吗？比如牛奶、黄油、鸡蛋、奶酪、香肠、火腿或酸奶。
- 家里准备了清淡的水果（香蕉、葡萄、苹果、梨）、沙拉、胡萝卜、黄瓜或者类似的蔬菜吗？您买催乳茶了吗？有不含酒精的白啤、速溶麦芽咖啡或不含咖啡因的咖啡吗？
- 给宝宝准备的东西都齐全了吗？给宝宝换尿布的桌子安装好了吗？尿布买了吗（参见第 32 页）？宝宝的小床铺好了吗(参见第 58—59 页)?
- 您的妻子有什么特别的愿望吗？您最好直接问问她。也许她从一开始找助产士时就有自己的想法了。

最大。它会使一些女性抑郁，还会使人长期萎靡不振。可能会产生的副作用有：低血压、无精打采、食欲不振，甚至记忆力减退。

- 侧切的伤口或剖腹产的伤口会给您带来额外的负担，会使您的身体变得虚弱。
- 此外，持续的缺乏睡眠会影响母亲的神经。我和我的丈夫在宝宝出生几周后意识到，缺乏睡眠简直就是折磨。而折磨我们的是我们那可爱的、无辜的小宝宝。
- 哺乳可能会在适应期出现问题。
- 最后一点，也是不可忽视的一

给爸爸们的特别建议

可能在您妻子分娩后的一周您会觉得她变了。您可能会觉得家里像是有了两个宝宝。这种状况是很正常的：分娩和照顾宝宝的劳累使您的妻子不堪重负。激素的变化也使她的身体变得脆弱。现在正是她在各方面都需要依赖您的时候。您可能不会相信：现在您是家里情绪最稳定的人。

点：分娩后不复存在的好身材尤其会破坏您的好心情（本书第155页起，会提供保养身体的建议）。

新时期、新问题

● 在过去，生孩子被看作是一种劫难。现在则基本上是一种心愿、一种幸福，但最初几个月的现实却可能与预想不符。做母亲的感觉不是在宝宝出生之后突然产生的，而是在最初几周或几个月里照顾宝宝的过程中逐渐增强的。

● 年轻的母亲大多和宝宝一起与世隔绝。与大家庭的母亲不同，她们被束缚在一个小的空间内，只能和她们的宝宝捆绑在一起。她们不再有自己的生活，脱离了原本的工作和朋友圈。然而，她们的另一半依旧过着自己的生活。这种感觉会让本来紧张的夫妻关系变得更加紧张，双方需要对夫妻关系重新进行定位（参见第147页）。

● 在脆弱的心理状态下，责任意识对许多年轻女性的影响简直是巨大的。她们常常在分娩后才意识到某种现实，那就是她们永远都不能放下照顾孩子的重担，短期内她们的生活都无法改变，因为无助的宝宝依赖着她们。最令她们难过的是，她们认识到这种责任对她们来说是无可推卸的。

● 广告和咨询专家会告诉您，年轻母亲该如何生活：她们很漂亮、洒脱，能把家里打理得光洁明亮，是完美的家庭主妇和爱人。她们对宝宝有用不完的耐心，也总有时间接待来访的客人。这是年轻母亲对未来生活的规划。这一切都取决于她们对生活的安排。我们所有人都嫉妒这种超级女性，当然我们也会感到很困惑：为什么我们做不到？如何更好地安排空闲时间，请参阅本书第245—249页。

注意：

当您发现您无力独自走出黑暗深渊时，您就应该去看医生了。因为产后抑郁，即分娩后的忧郁是一种疾病，您需要接受精神科医师的治疗。

尝试自助

在最开始的几天里，若您和您的丈夫能够单独陪着宝宝是再好不过了。这样你们就可以完全将注意力转移到对方身上，并且不受任何干扰地来适应

三条基本准则

- 您不要对自己要求过多，周围人对您提出高要求时您要表示抗议。
- 向他人寻求帮助，并接受他人的帮助。
- 不要孤立自己，和其他母亲交流您遇到的问题。

新生活。然而从宝宝出生的第一天起，专业的帮助可以为您减轻许多负担。

助产士辅助产后护理(仅适用于德国)

在分娩后的最初10天，无论是在医院还是在家里，您都需要助产士的照顾。助产士每天上门问诊一次，若您需要更多服务，她也可另行安排出诊次数。此外，您有任何疑问都可以打电话向她们咨询。至宝宝出生8周后，医疗保险公司可为您报销16次问诊费。至哺乳期结束，还可为您报销额外的8次指导费用。

凭医生的证明，还可以开其他的“处方”。

- 您在医院、儿科医生或家政培训中心都可以获悉所有助产士的地址。您也可以利用互联网获取需要的信息。
- 在您需要支持、建议或宽慰时，给您的助产士打电话。

家人或朋友的帮助

若您是单亲家庭长大的孩子，或者您的丈夫因工作原因在宝宝出生后的几天不能陪伴您左右，您就应该向双方家人请求帮助。祖母们的帮助对年轻的妈妈来说非常重要。只要她们乐意接受您照顾宝宝的方式，不管束您，不令您不安，你们就一定能彼此信任。

- 在这个基础上，祖父母将来可

能和年轻父母共同照顾宝宝。因为几乎没有人会像祖父母一样如此关心宝宝的健康成长。

- 如果宝宝的祖父母帮不上忙，您可能需要在第一时间向姐妹或朋友寻求帮助。

- 重要的是，不要因为其他人的帮助使您和宝宝生疏，这种帮助应该主要是在家务方面的帮忙。此外，这种帮助也不应该夹在您和您丈夫中间，这样可能会使你们的夫妻关系生疏。

意外来访

短暂的夜晚之后，当您还想和宝宝一起再睡一会儿时，尖锐的门铃声响起，您的宝宝开始喊叫，邻居拿着一束花站在门外。原本会让您感到欣喜的事情，现在只会给您带来痛苦。不要让自己总是被打扰。在宝宝出生前也不要向朋友或熟人许诺，他们可以在任何时间来访，也不要承诺会有大型的派对。您需要足够的休息时间。不要把别人想得太敏感，而应该好好关注自己。您要考虑到，宝宝很可能也需要安静。不是每个宝宝都喜欢热闹，大一点后他会习惯外界的生活。

自助妈妈群和哺乳妈妈群

自助妈妈群和哺乳妈妈群会为您提供很大的支持。您在那里会遇到志同道合的人，她们和您处于相似的境地。仅凭这一点就能给您减轻很大负担。除此之外，这些团体还会互相帮助。其结果不是您的依赖性变强，而是您的自我意识和自主行动力增强。在您的附近肯定存在这样的团体。

有关自我保护的建议

- 关掉门铃，不得已时一定让您的先生安装上相应的机械装置。

- 写一个“请勿打扰”的牌子，根据需要把它挂在房门上。

- 事先置办一个电话答录机，确定什么时间可以由它帮助您回话。

- 当您感到压力过大时，找朋友或者孩子的祖母来聊聊天，最好不要在您的家里。

- 您把一切都安排妥当之后，利用好这段空闲时间。宝宝睡着之后，您也要睡觉。家务可以以后再做。

如何让宝宝觉得更舒适

宝宝还很无助，他不仅需要特别的护理和特殊的照顾，还需要理解、温柔的身体接触和更多的关注。在本章中您将了解到怎样更好地照顾宝宝，怎样正确地对待宝宝及与宝宝相处。

让宝宝又香又干净——这样爱我们的宝宝。少许泡泡浴盐、香波和润肤膏即可。皮肤接触、温柔的抚摸以及宝宝因此而得到的经验很重要，这些对他的全面成长有利，对您也是。

从头到脚的温柔呵护

宝宝的皮肤非常敏感。他很难维持自身的体温，也不能控制排泄，更不能独立地活动。宝宝需要特别全面的照顾。婴幼儿商店里有各式各样的产品。婴儿用品已经成为正规的工业产业，各种产品及建议使年轻的父母眼花缭乱。

为了让您保持清醒的头脑，本章会客观地为您讲述宝宝的需要，这样您就知道什么东西值得买，什么建议值得采纳。您最终都要选择某种尿布，并且要全面地了解应该怎样从头到脚地呵护宝宝并保持宝宝干净。在日常生活中会不断出现新问题。您当然不必盲目遵从所有指示，您可以根据需要自行选择，因为每个宝宝和母亲都会有些不同。

- 还有一个建议：无论您什么时候给宝宝洗澡，换尿布，擦洗鼻子、耳朵、眼睛或者剪指甲，您都应该先用肥皂把自己的手洗干净，穿上干净的衣服，但您不必使用消毒剂。

选择尿布

现如今有很多种尿布：除了传统的棉纱尿布和生态棉尿布以及一次性纸尿裤之外，还有耐洗的尿裤等。

所有的尿布和尿裤都有自身的优点和不足。您在上产前课时可咨询一下，以便在头脑中形成清晰的印象。

您可以在您的助产士、妈妈群或尿布销售处获得权威的解答，当然您也可以向其他妈妈咨询。

棉纱尿布：传统尿布

我们的母亲会知道正方形的棉质尿布的用法。现在，这种尿布仍然占据市场主流。因为棉质尿布可水洗，对环境产生的污染也更小，性价比更高，可以保护皮肤，且几乎不会引起皮肤炎症（参见第227页）。当您把这种布料放在太阳下晒干时，还能闻到特别清新的味道。

除此之外，这种尿布还能预防髋关节错位（参见第227页——髋关节发育不良）。

这种尿布的主要缺点是：清洗并晾干需要相对较长的时间，也不适合出门时携带。

尿布的数量和质量

最初您一般需要准备24块尿布。

• 请您注意，其中12块尿布可以薄一些，另外12块稍厚。如果您使用棉质尿布，您可以多准备12块厚一些的尿布，并为宝宝的三角区域使用厚尿布。您可以把薄尿布折成长条使用（参见第42页）。

棉纱尿布有各种不同的规格。请选择100%纯棉、表面柔软且不起球的尿布，尿布不宜太厚，且要吸水。

防潮尿布

无论如何尿布由内至外都应防潮，否则宝宝就可以和他的小床一起“游泳”了。

• 橡胶尿裤不太实用：它们不透气。

• 含有塑料层的尿裤透气性略好一些，尽管如此，它还是需要保持干燥。

• 未经漂白的羊毛尿裤（绿色用品店或婴儿用品专卖店有售）或者内侧为吸水性棉质材料、外侧由超细纤维构成的尿裤（婴儿用品专卖店有售）具备理想的透气性和很强的吸水性。

未经化学处理的、含有羊毛脂的羊毛有自净能力，因此，羊毛尿裤即使是在潮湿的情况下（注：吸附宝宝的尿液后）也不会散发尿液的味道。您不必每天都清洗它们。您在购买时请注意，选择可机洗的尿布。

• 超细纤维尿裤保持干燥的能力更强，并且适于夜间使用。在这里您也要注意，一定要选择可机洗的类型。

• 棉质尿布会很快变潮，并且吸水性较差。

• 最初您为宝宝选择两条衬裤就足够了。

可洗的尿裤

可洗的尿裤结合了棉纱尿布的优点和一次性纸尿裤的舒适感。有搭扣或类似的设计使它们像一次性纸尿裤一样容易穿（参见第 35 页），但与一次性纸尿裤不同，它们是可洗的，因此价格也很贵。

您有两种选择：连体式尿裤和带有分离式衬裤的尿裤。

注意：

• 重要的是尿裤内侧的材质。毛巾材质的应该织孔细小，而法兰绒材质的表面要更平整。只有特别好的材质，表面才会又平又软，适合宝宝柔软的屁股。

• 和一次性尿布的包裹方式一样（参见第41页）。

• 尿布应该是可机洗的。

连体式尿裤

连体式尿裤具备防潮性，因为其外侧的材质为人造纤维或是 PVC（注：聚氯乙烯）、橡胶薄膜。不方便的是这种尿布不容易晾干。

• 如果您决定使用这种款式的尿布，您需要准备 15—20 块。

分离式尿裤

分离式尿裤由不同材质的尿裤和可分离的衬裤构成。在吸水性、防潮性以及舒适性和价格等方面，都具备一定优势。

- 您大概需要准备 15—20 条尿裤。

- 有多种材质的衬裤可供您选择。纯羊毛的衬裤适用于白天，因为它们透气，宝宝的屁股可以接触空气，并且白天换尿裤比较频繁，羊毛衬裤并不能完全密封。

表层为棉质或合成材料的衬裤适用于夜晚，因为它们密封性好，尿液不会溢到床上。

- 您需要 5 条日用和 3 条夜用的尿裤。

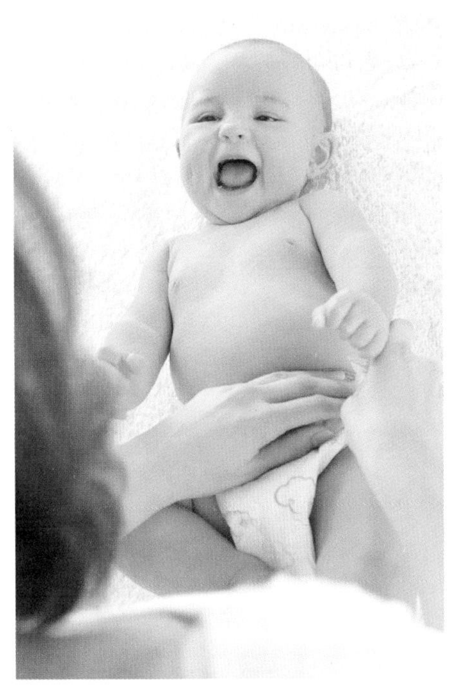

尿布可以让宝宝的小腿更容易分开，这对宝宝的臀部骨骼发育非常有利。

注意：

宝宝在出生后的前半年需要包裹得松一些。也就是说，宝宝两条小腿之间的尿布要留得宽一些，这样宝宝可以保持两腿叉开的姿势，对宝宝髋关节的发育有好处。

在宝宝髋关节挫伤的情况下，儿科医生会为宝宝准备一条特殊内裤。

一次性纸尿裤

一次性纸尿裤减轻了年轻母亲的负担，普通尿布并不适合宝宝玩耍时及郊游时使用，因为换尿布会很麻烦。

然而一次性纸尿裤的缺点是使用量很大，甚至垃圾桶都装不下这些用过的尿裤。另外一次性纸尿裤的大量消耗也会增加家庭负担。除此之外，新生儿使用一次性纸尿裤可能会引起擦伤。您可以尝试下哪个生产商生产的尿裤更适合您的宝宝，也可以在消费者评价中获悉产品质量的相关信息。基金会的产品检验中也包含相应说明。

在购买时请注意：

- 尿裤不宜太大，否则尿液会从侧面溢出；也不宜过紧，因为这样会夹到宝宝的腿。

- 在选择尿裤时，仅仅参照体重并不可取。体型大一点的宝宝绝对可以使用更高重量级的尿裤。
- 您要注意，尿裤要足够宽松，并且要耐潮。
- 您若想节约开支，可在白天为宝宝使用略微便宜、吸水性不是特别好的尿裤，夜里，由于换尿裤间隔时间较长，可以为宝宝选用贵一些的尿裤。
- 夏天您的宝宝可以不用尿裤。

绒质尿布

假如您愿意尝试不同类型的尿裤：绒质尿布用起来简单并且相对来说物美价廉，但是对宝宝来说并不方便。宝宝的皮肤一直接触绒面，若尿布变潮，会变得不再蓬松，因此吸水也不充分。这种尿布对宝宝髋关节的发育也并不是很有益。结论：不太推荐使用，大多数时候适用于作为棉纱尿布的补充品。

清洗尿布——不是问题

以下建议适用于所有可清洗的尿布。

- 第一次使用尿布或衬裤应事先清洗。这样可以减少残留的化学物质。
- 先把尿布浸泡在水中，然后按常规方法煮沸消毒。若宝宝很健康，您用60℃的水清洗就足够了。
- 可洗的尿布应依据尿布上的洗

在哪儿购买尿布

您可以到大型婴儿用品店选择尿布。这种商店一般位于工业区。您也可以在网页上查阅附近是否有这种专卖店。

专卖店一般会销售消费者评价较好的尿布。同时婴儿用品店还会为您提供产品名录，您可以提前了解产品的信息。一旦您知道自己想要什么，就可以很快采购。

绿色用品专卖店有非常环保的产品：未经漂洗的一次性尿布和其他环保型尿布。您可以在互联网上找到相关信息。

卫生用品市场和杂货店也销售一次性尿布。

您也可以在可靠的网站上订购尿布。

涤说明进行清洗。有涂层的尿裤或羊毛尿裤基本都可机洗。在清洗晾晒的过程中即使您想很快晾干，也绝对不要把尿布拧干。

• 有涂层的尿裤不耐热，因此不可以使用烘干机和暖气使之快速变干。

• 请您把脏尿布和脏尿裤放到一个有盖子的尿布桶里，每三天清洗一次。

• 不要使用含磷的洗涤剂和柔顺剂。用它们洗涤过后残留的化学物质会刺激宝宝的皮肤。

• 用烘干机烘干或是晾置在空气中，尿布会变得柔软吸水。在用烘干机烘干前，要先轻揉尿布，否则尿布会变硬。

• 一般情况下没必要熨烫。

若您的宝宝有传染性疾病，也包括真菌传染，您应用95℃的水清洗并熨烫。这样可以起到消毒杀菌的作用。

换尿布：不仅仅为了卫生

大多数父母并不知道：在宝宝出生的第一年，他们在给宝宝换尿布以及包裹宝宝的过程中一起度过了很多时间。这些时间里他们可以逗弄宝宝，与宝宝亲昵。同时，有规律地换尿布对宝宝的身心健康也很重要。但您应事先考虑以下问题。

理想的换尿布地点：温暖、干净

• 您需要的面积至少70厘米长、80厘米宽，若能再大一点则更好。注意，这个平面的高度要到您的髋部（注意：父亲要考虑到这个问题），否则您的后背会很疼。

• 形状规则的五斗橱更适合为宝宝换尿布，因为五斗橱的表面可以提供足够的换尿布的空间，其内部空间还可以放置宝宝物品。有些专门为宝宝换尿布设计的五斗橱还可以转换成写字台。若您家里的空间不够，您可以选择可拉伸的、占空间小的浴盆盖等为宝宝换尿布。

• 无论您选择什么地方换尿布，

为第二天换尿布做好充分准备。所有必需品都放置在您的手臂可及之处，但不要放在宝宝能拿到的地方。

都请在上面铺上一层可洗的毛巾布。

• 您可以在五斗橱的旁边，宝宝够不到的地方放置宝宝精油、润肤霜、刷子和一个小脸盆。您还可以在五斗橱旁边或上方放置一个架子，架子上可以放干净的尿布或毛巾。

• 在五斗橱旁您可以放置尿布桶、其他待洗物品的桶以及一个垃圾桶。

• 在灯光方面您要特别注意，灯光能够让您看清楚就可以了，切忌让强光照到宝宝的眼睛。

• 保持温度很重要，尤其是对于冬天出生的宝宝来说，否则宝宝容易着凉。换尿布的地方最好设置一个电热壁炉。您也可以使用热风供暖机，但是不要让气流直接吹到宝宝。红外线热源会灼份宝宝的眼睛。

换尿布：什么时候，多久一次

从理论上来讲，只要宝宝的尿布潮湿了，您就要为他换尿布，否则尿液就会损害宝宝细嫩的皮肤。也就是说，不要等到宝宝发出臭味的时候才为他换尿布。

• 尽可能在每次给宝宝喂食之后换尿布。吸吮反射常与排泄反射同时发生，因此宝宝很可能在吸吮或进食的同时排泄。有些宝宝需要您在喂食前就为他换好尿布。

• 在夜晚的睡眠间歇您也应该为宝宝换尿布。长时间郊游之前以及宝宝睡觉之前也需为宝宝换好尿布。换句话说：尿布用了一段时间之后，就该换了。

给爸爸们的特别建议 

当宝宝发出臭味时，即便是乐于为宝宝换尿布的父亲也会打退堂鼓。清理宝宝的排泄物对他们来说很困难。这也许缘于个人的卫生习惯，但这些困难都可克服。

正确换尿布——一步一步按步骤进行

● 在换尿布的地方您应该放置以下物品：

• 干净的衣服；

• 叠好的尿布；

• 婴儿润肤霜；

• 干净的浴巾、温水、干毛巾，柔软的卫生纸，湿毛巾和宝宝精油（参见第 45 页）；

• 垃圾桶、尿布桶；

请您注意，所有换尿布所需要的用品都要在手边。如果您把您的“宝宝尿布包”打开了，就不要让宝宝离开您的视线，否则他很容易打翻身边的东西。

● 清洁宝宝的屁股时，请您用蘸有精油的毛巾或湿毛巾取代浴巾。但要注意，有些宝宝对此会表现得很敏感。

非常实用的一点，尤其适用于大一点的宝宝：在装有尿布的五斗橱旁安置一个用来放卫生纸的支架，也可以在旁边放置一个盛有温水的水盆，在温水中为宝宝清洗屁股。

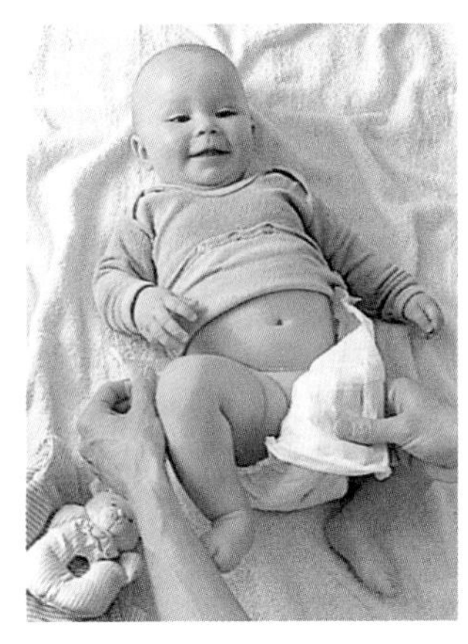

1. 让宝宝躺在您面前，后背挨着桌面或床面，然后脱下他的尿裤。把宝宝的小衣服和内衣翻到肚脐以上，解开尿布。

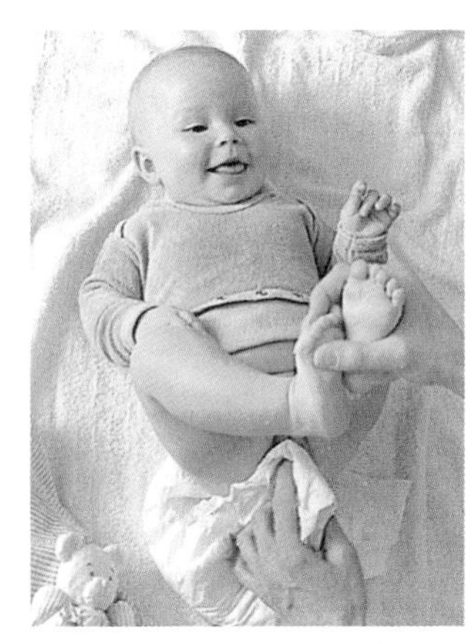

2. 用手抓住宝宝的双脚，抬起宝宝的屁股。用旧尿布轻轻擦拭宝宝的屁股，然后把脏尿布扔进已经准备好的尿布桶里。

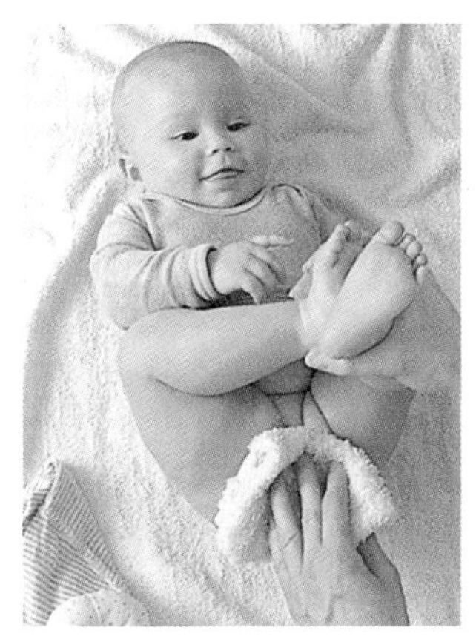

3. 用一条湿浴巾（挤干多余水分）擦净宝宝的屁股。注意：要从前向后擦，否则病菌很可能会被带到宝宝的生殖器官上，尤其容易使女孩感染。

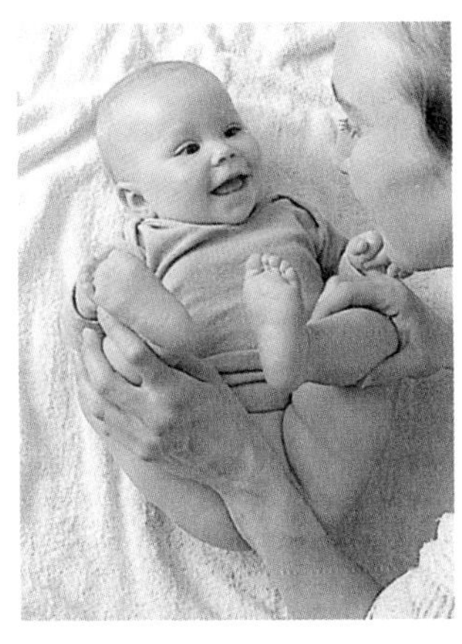

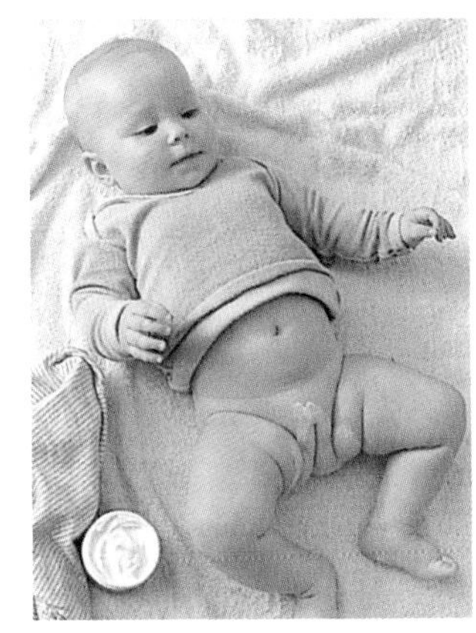

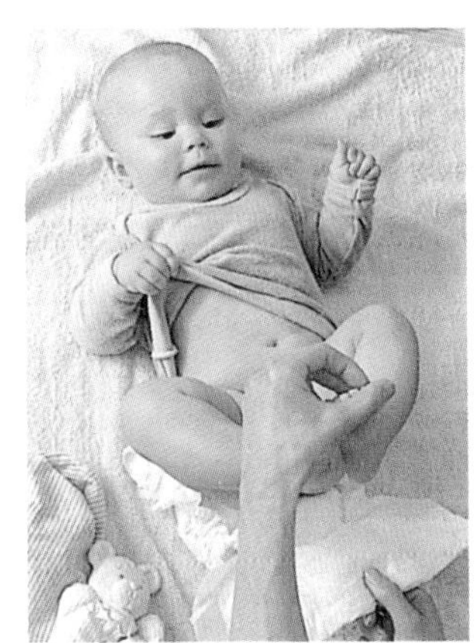

4. 轻轻将宝宝屁股擦干，让他活动一下手脚。现在就是亲吻和逗弄宝宝的好时机了。在冬天您和宝宝的皮肤接触对宝宝尤其有益。

5. 在给宝宝换新尿布之前，您可以在尿布的边缘、宝宝的屁股和肛门处涂上一层润肤霜。

6. 为宝宝换新尿裤时，您要尤其注意，手上不能沾有任何精油或润肤霜，否则您可能粘不上胶条。打开尿裤，把它推到宝宝的屁股下面。

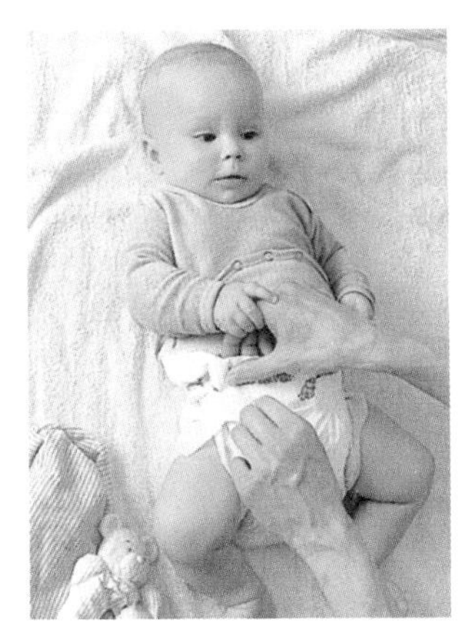

换一次性纸尿裤的建议：

7. 尿裤要穿到肚脐以下。把上方的条带翻转到外面，尽量不要让塑料接触宝宝的皮肤。揭下胶带条的保护膜，把它的侧面粘到尿裤的前部。然后再粘另一侧。

请您注意，不可以把有弹性的保护带翻转到内侧。

换四角棉纱尿布的建议：

1. 把尿布叠成三角形。将第二块尿布折叠成40厘米×15厘米的长条，并垂直放到第一块尿布的上方，叠成三角形的尿布宽的一侧朝上，尖的一侧朝下。

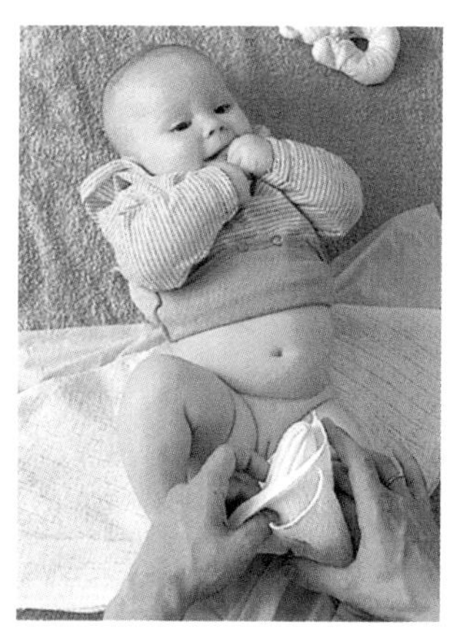

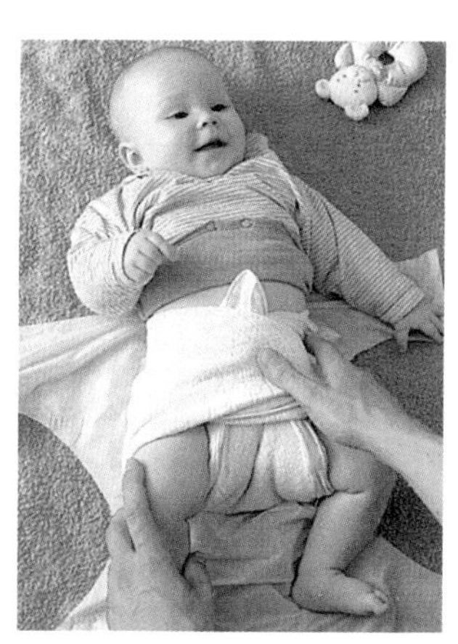

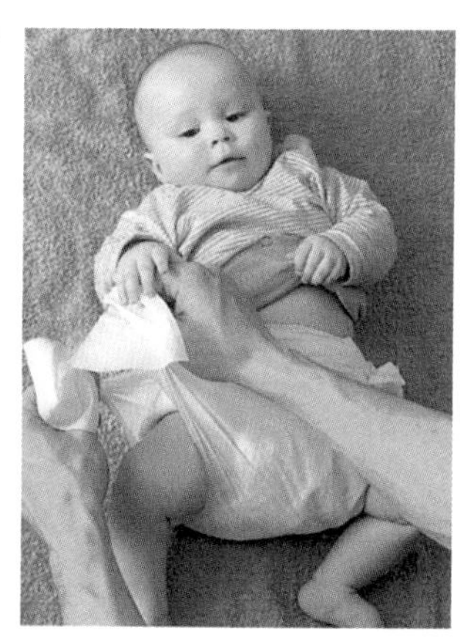

2. 把宝宝放到尿布上，将叠成长条的尿布连同三角尿布的尖部穿过两腿之间放到宝宝的腹部。

3. 用三角尿布的另外两侧包住宝宝的腹部。

4. 现在您还需要为宝宝罩上一层防潮尿裤(例如羊毛尿裤或绒质尿裤)，以防止宝宝屁股受潮。

如果宝宝的屁股受伤了

宝宝可能会对食物、尿布或洗涤剂等产生过敏反应，出现红色脓包、疹子等（可参阅本书第227页有关皮炎的说明）。

- 换尿布的间隔应短一些，并且只使用可洗的尿布或尿裤。在洗涤过后会经过特殊的漂洗程序，它们会特别柔软。别再使用有金属涂层的尿裤或橡胶尿裤了。
- 擦拭宝宝身体的时候不要用精油，而是用温水、淡菊花汁（或放几滴洋甘菊纯露）。
- 您可以使用吹风机吹干宝宝受伤的屁股，此时宝宝需要腹部朝下。尽可能让宝宝光着身子活动手脚，他会享受这种自由的活动。
- 在清洁伤口后，您可以为宝宝涂上薄薄的一层药膏。方便的做法：您可将氧化锌软膏或鱼肝油与凡士林以1：1的比例混合做成药膏涂在宝宝的伤口上，或者在患处轻涂金盏花软膏。用橡树皮水（药房有售）洗澡同样对患处有治愈作用，或在伤口上滴几滴母乳。
- 如果宝宝皮肤很敏感，请您选用有丝绸内衬的可洗尿布，这种材质有助于伤口愈合。

脐部护理——不是问题

宝宝出生后，医生会将脐带在离肚脐大约5厘米的地方剪断。过几天宝宝的脐带会风干，并在宝宝出生两周内脱落。

外观上看起来可能会使人担心，但这是自然的，伤口会渐渐愈合。

您要注意：

- 在每次护理肚脐之前，先把您的手彻底洗净。
- 肚脐一定要保持干燥。这样残留的脐带才会风干、脱落。尿布必须系到脐带以下的位置。
- 您最好每天用温热的清水为宝宝擦拭肚脐，并用干净的棉纱尿布擦干。
- 在洗澡的时候不要让宝宝的肚脐沾到水：禁止宝宝玩水，直到肚脐当您的宝宝能抬头时，您就可以为他进行从头到脚的淋浴了。

的伤口愈合。

- 若出现问题，参考第222页建议。

- 您的助产士在每次检查时都会检查宝宝的肚脐，如果需要，可要求助产士为宝宝的肚脐做护理。

洗澡和清洗

您首先要更正的错误认识：宝宝每天都必须洗澡；洗澡必须在上午进行；水进到宝宝耳朵里会引起许多问题；浴盆、香波、乳液和润肤霜都是需要的——而且是大有好处的；洗澡和清洗很复杂。

宝宝洗澡需要的基本物品请参阅第262页。

时间和频率

出于卫生角度的考虑，一周给宝宝洗1—2次澡就够了。

- 宝宝几乎不会把自己弄脏，温水就可以把他洗得很干净。但您需要用肥皂清洗宝宝的手、屁股和生殖器。如果您喜欢和宝宝一起洗澡，也可以一起洗，但是最好不用洗浴用品，而是用几滴小麦精油和杏仁精油，否则宝宝的皮肤可能会干燥。

- 找到理想的洗澡时间并不容易。宝宝吃饱了会很累，多数不喜欢洗澡；饿的宝宝想喝奶，不会想玩水。为宝宝做清洁需要成为日常活动的一部分。刚洗完澡的宝宝不能直接去室外，也就是说不要在外出采购前洗澡。玩水会让有些宝宝清醒，让有些宝宝疲累。结论：观察您的宝宝，结合您和您丈夫的时间为宝宝安排洗澡的时间。然后您应该定下固定的洗澡时间，这也是为了更好地安排。此外，规律的日常活动对宝宝有好处。

护肤品——有什么意义

如今，我们的宝宝大多数不会得传染病，而是会在过敏、斑疹和呼吸器官病变等方面产生问题。这些问题是因为多种化学物质的刺激产生的。婴儿用品中的刺激物并不比成人用品中的少。您要知道：宝宝的皮肤很健康，一般不需要洗浴用品清洗，原则上也不需要额外的油脂。请您不要选用有香味的“婴儿护肤品”。在消费者中心您可以了解相关产品信息，尽量为宝宝选择基础护肤的护肤品。

- 您如果觉得宝宝皮肤比较干燥，可以用几滴小麦精油或杏仁精油给宝宝做按摩。乳液不太实用，因为里面包含太多添加剂。宝宝的皮肤比成人的皮肤更薄，渗透性更强，也更敏感。

- 宝宝不宜过多使用洗浴用品，最好使用婴儿肥皂。

- 宝宝不需要洗发香波。

- 护理伤口的药膏对宝宝屁股的护理很有用，但也不宜多用。

- 不要使用香粉：香粉会在宝宝的皮肤上产生碎屑，也会刺激皮肤。

在桌上为宝宝洗澡

宝宝一定要保持卫生。您可以在桌上擦洗宝宝。这时脸、手、屁股和生殖器的清洁就显得尤为重要，因为宝宝只有这些部位会变脏。手臂、腿、腹部和背部用水擦净即可。

若想为宝宝做彻底的清洁，一定要洗澡。在两次洗澡的间隔时间里，为宝宝擦洗就足够了。

从头到脚的彻底清洁

您在桌上为宝宝擦洗时，请做好保暖工作。为了不让宝宝着凉，不宜用过湿的毛巾为宝宝擦洗，在擦洗的过程中还要注意保持房间的温度。在桌上安置一个热源是理想的选择，注意热风供暖机可能会使宝宝受风。

- 您应该准备好：

请把宝宝的干净衣服、干净尿布、干净浴巾以及婴儿肥皂放到您够得到的地方。在浴盆中加入温水。

在桌上铺上浴巾，先把浴巾的下半部分折叠好，放到桌面上，直到宝宝的屁股清洗干净。

1. 把宝宝的衣服脱光。您脱下尿

裤和尿布时，先用旧的尿布擦净宝宝的屁股，再展开浴巾。

2. 用湿毛巾擦净宝宝的眼睛，要一直按照从外眼角向内眼角的顺序。然后擦拭宝宝的额头、嘴和鼻子。

擦拭宝宝的外耳（请不要擦耳道）和后脑勺。

轻柔地擦干宝宝的头。

用毛巾从上到下轻轻地擦拭。在擦洗过程结束后，立即擦干湿着的部位，否则宝宝会着凉。

3. 清洁脖子和手臂。

在宝宝的手上涂上肥皂，用湿毛巾擦拭，再擦干。

4. 先擦腹部，之后为宝宝翻身擦洗背部，再擦干。

如果宝宝觉得不舒服，给他盖上小内衣或小外套。

5. 擦洗腿和脚。

6. 用湿毛巾清洁生殖器。如果是男宝宝，一定要把包皮翻起来，包皮在宝宝刚出生的几年里和龟头黏在一起。如果是女宝宝，要把两片阴唇分开，并用毛巾从上至下擦拭。最后擦洗屁股，如果需要的话可以使用肥皂。

简单的擦洗

请您按照上述方法，用温热的湿毛巾按顺序擦洗宝宝身上的部位。

1. 眼睛、脸、头；
2. 手；
3. 生殖器、屁股。

完成！

您的宝宝也可以享受沐浴

在最初的几个月宝宝在浴盆里感觉最舒适。在您的臂弯里，宝宝可以放松自己。

在专卖店中您能找到各种款式的婴儿浴盆。您可以把它放到浴室里可调节高度的架子上，或者放到一个坚固的底座上。有和浴盆一体的可移动尿布架。

无论如何您都要注意选择有塞子的浴盆：这样更便于排水。

至于其他配件，可选择侧面可放东西的架子。

必要的准备：

- 在给宝宝洗澡前，将所有您需要的东西准备好。
- 室温应至少达到24℃，水温至

少 37℃。

• 请您考虑到，浴盆里的水要浸到宝宝的肩膀，否则宝宝会着凉。

• 预先将宝宝的浴巾和宝宝的衣服加热，这对宝宝有好处。

• 如果宝宝洗澡的地方和穿衣服的地方不在一处，他很可能在途中着凉。这种情况下您可以先用温浴巾包住宝宝。

把浴巾的末端塞进您的裤腰或裙边。在您脱光宝宝的衣服后，折好浴巾，把宝宝包起来，包好之后再去洗澡。

这样洗澡很重要

• 您若不小心让宝宝的头碰到了水，也不必过于担心。因为宝宝的耳朵和鼻子有防水结构。

• 洗澡时间要保证在 5—10 分钟，否则对宝宝的皮肤不利。

• 有些妈妈并不一定能把所有的事情都做得很妥当，卫生问题也是一样。如果家里有四五岁的哥哥姐姐，可以让宝宝和他们一起洗澡（即使您觉得不方便）。您可以跪在浴盆前，让年长的哥哥或姐姐抱着宝宝，但是出于安全考虑，您要一直用手扶着宝宝。

附加建议

最初几周的宝宝还很小，在浴盆里给宝宝洗澡对您来说很简单：准备起来也容易，宝宝很容易控制，盆里的水量不多，宝宝也不害怕。

注意：

即使宝宝长大了一点，也不要让他独自待在浴盆里。

给爸爸们的特别建议

第一次给宝宝洗澡是令人感动和激动的一次大胆尝试。刚刚升级为母亲的妻子可能会感到不安。您应该怎样参与进去呢？一个人给宝宝洗澡，另一个人托着宝宝，并用打开的毛巾包住宝宝。

您会在晚上给宝宝洗澡吗？如果您白天不在家，晚上回家时您应该留些时间为宝宝洗澡。这绝对是您和宝宝一起玩耍的机会，您也一定会很喜欢。这是真正的减压。

第一次为宝宝洗澡——按部就班

• 您需要：肥皂，两条干净的毛巾（每次洗完澡后更换），温度计，浴巾，干净的尿布，干净的衣服。

1. 在浴盆中加入温水，用温度计或您的小臂测量水温：水温应该让人感到舒适。

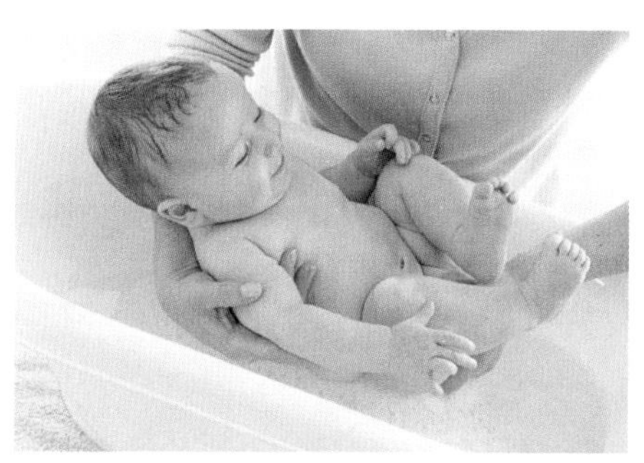

2. 脱下宝宝的衣服。把胳膊放到宝宝脖子下方，这样宝宝的头可以倚靠在您的小臂上（在手腕处附近），用一只手托住宝宝的上臂，紧贴肩膀，另一只手支撑宝宝的屁股。

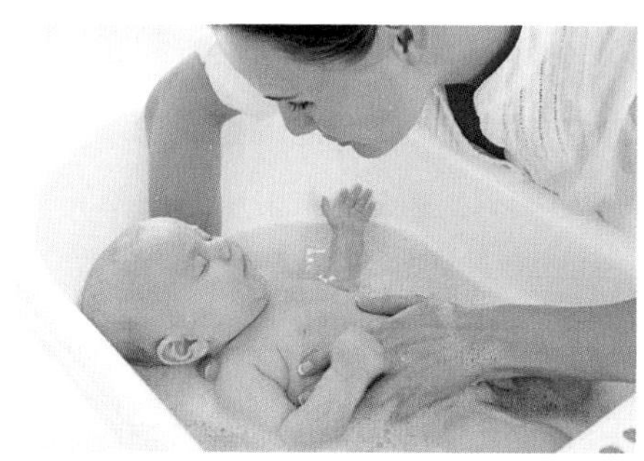

3. 缓缓地让宝宝沉入水中。用闲着的手清洗宝宝的头部、耳朵和面部，接着清洗其他身体部位。要彻底清洗宝宝的手、脚，最后是生殖器和屁股。

4. 再次用两只手把宝宝从水中扶起。为了避免宝宝着凉，立即用浴巾把宝宝从头到脚包起来。

5. 用浴巾轻按宝宝，把宝宝擦干，注意要擦干或用吹风机吹干一些隐蔽的部位：腋下、肘窝、耳后、脖子、屁股和腘窝。

6. 给宝宝包裹尿布（参见第 40 页）、穿好衣服（参见第 49 页），这时您可以亲吻宝宝，把他抱到床上。

如果为宝宝洗澡成为压力

一些宝宝会哭喊着抗拒洗澡。他们不适应光着身子，也怕水，而且可能还害怕您激动的情绪。

- 浴盆中的水够吗？在给我的第一个孩子洗澡时，我只在盆中放了10厘米高的水：宝宝当然冻得可怜，也难怪他哭喊了！请您注意，要把宝宝的小身体都放进水里。

- 有时候在大浴缸里给宝宝洗澡也是不错的选择，在您的保护下，宝宝可以游泳。但应该有第二个大人帮忙接过湿漉漉的宝宝，这样您就可以从容地擦干自己的身体。

- 也许洗澡的程序繁多而使您疲惫，也觉得头疼。您可以适当选择给宝宝擦洗身体。

为宝宝穿脱衣服时要小心

大多数宝宝不喜欢穿衣服和脱衣服，他们经常喊叫着抗拒。他们还控制不住自己的动作，这种情况下，您需要运用全部精力。

请不要动怒：给宝宝穿衣服和脱衣服时动作要快，这样才不会让宝宝感到冷。在最初几个月最好在桌上为宝宝换衣服。当您的宝宝可以坐的时候，用膝盖围着宝宝给他换上衣服就很方便了。

您可以分散宝宝的注意力：跟宝宝说话，给他唱歌，尿布架上的彩色汽车会产生神奇的效果。

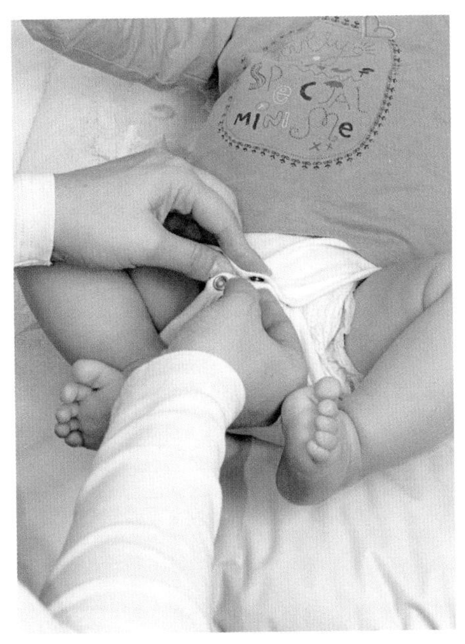

裆部敞开的婴儿连体裤和裤子很实用，这样您不必每次为宝宝换尿布的时候都为宝宝脱去裤子。

您需要的婴儿用品

（参见第 260 页。）

• 内衣、连体裤和小外套是白天在家时的“标配”。无袖连体裤和长袖外套的组合很方便，如果宝宝吐了，或是尿裤子了，您不必两件都换。

• 即使宝宝白天一直都在婴儿车里，或躺在床上，在晚上您也要给他换衣服。睡衣有一些优点：小宝宝的睡衣和其他小衣服可以都有按扣，因此您在晚上不必完全给宝宝脱光。您可以更快去睡觉，宝宝也不会一直醒着。婴儿睡衣非常舒适，也很柔软。它们会给宝宝这样一种信号：一天的另一个阶段开始了。睡衣也可能帮助宝宝发现他们起初没有领会到的昼夜交替。

• 大多数宝宝在最初的几个月需要能包住连脚裤的羊毛鞋，因为宝宝的供血还不是很好。同时推荐大一点的孩子穿紧身连袜裤或厚实的毛巾袜，或底部防滑的袜子。

• 根据季节，在散步时的必要物品参见第 71—72 页。

重要规则

• 只有在洗澡时或按摩时，您的宝宝才可以完全光着身子。其他所有情况下，您都该一步一步给宝宝穿衣服。先穿上衣，然后再换尿布。

• 以前的小内衣和儿童衬衣都从一侧打开，现在流行套头衬衣，它们不会很快就变形。您可以用大拇指和食指撑住衣服的开口处，把衬衣折成手风琴状，慢慢地把衣服套在宝宝的头上，小心指甲不要刮到宝宝的头。

• 把袖子挽起来，用您的另一只手，推着宝宝的小手穿过袖子的另一头。请注意，把宝宝的小手合上，因为小手可能会卡在袖子上。

• 如果是连体内衣（紧身衣）或是连脚裤，要先穿上身，然后把腿插进裤子，再系紧衣服。

注意：

有些宝宝不习惯穿套头衣服，经常表现得很害怕。这种情况下，妈妈可以为宝宝选用侧面开口的衣服。

迷你指甲钳

在预产期之后出生的宝宝出生时指甲都很长。若指甲还很软，则不必剪掉，它们会自然脱落。您要是在宝宝脸上发现小的划伤，就要尽快为宝宝修剪指甲了。

• 用腿围住宝宝，抱着他，让他既不能动也不会被剪刀伤到。然后把他的小手或小脚握在手里，用圆的小剪刀（药房或专卖店有售）把指甲剪成半圆形。更简单的是，让爸爸、哥哥姐姐分散宝宝的注意力，或是在为宝宝喂奶、喂食时为其修剪指甲。

耳朵、眼睛、鼻子、牙齿

• 只可以用湿毛巾清洁耳廓。不可以使用棉签，因为使用棉签宝宝很有可能受伤。内耳可以自净。您可用拧到一起的纸巾小心地清除宝宝的耳垢。

• 上面的方法同样也适用于清理鼻腔。

• 要按从外眼角到内眼角的顺序清洁眼角。您可以使用干净的湿毛巾、湿棉球或纸巾。

如果宝宝得了重感冒或结膜炎，睫毛会黏住。在宝宝闭着的眼睛上放两个沾有温水的棉球，过一会儿睫毛就不再黏到一起了。您应该告知医生宝宝的新状况。

• 宝宝长出乳牙时，您不必立即用牙刷给宝宝刷牙。最开始，您用湿棉签清洁宝宝的乳牙就够了。尽量减少使用损伤宝宝牙齿的橡胶奶嘴。宝宝两周岁臼齿长出时（参见第 229 页），您可以开始用牙刷和牙膏为宝宝刷牙。

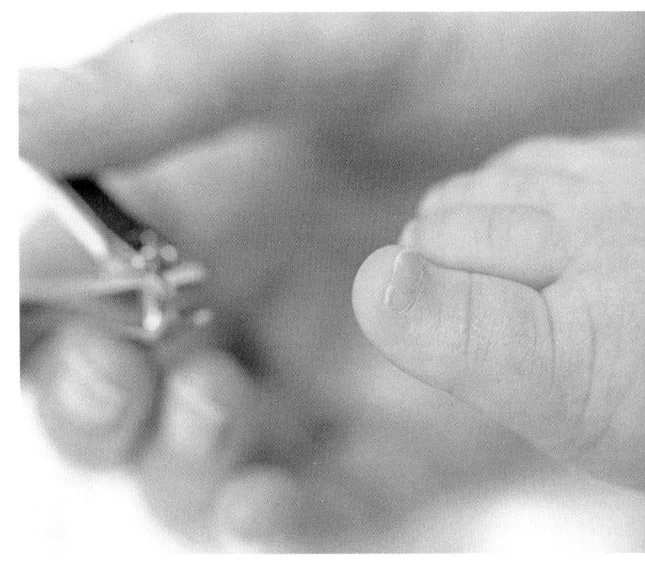

最简单的是，在宝宝睡着的时候修剪他的手指甲和脚指甲，因为这时宝宝的手和脚都是放松的。

宝宝需要特别的照顾。如果您知道应该怎么抱宝宝、背宝宝，怎样让宝宝躺着和坐着，什么温度对宝宝有益，为什么宝宝会喊叫，怎样在宝宝睡觉的时候给他称重，您就可以无忧无虑地享受和宝宝在一起的时光了。

小心照顾宝宝

当您的宝宝降临人世的时候，他对于您来说是一个陌生而神秘的存在。您不能对他像对您自己一样，他的反应经常和您的期待并不相符。虽然有些事您还不甚清楚，但是很多东西都可以学。学会抱宝宝、背宝宝并不是什么难事。如何让宝宝入睡也是可以学的。同样需要考虑的还有为宝宝选择哪种卧具：婴儿背袋还是婴儿车？已经会爬的宝宝需要练习的区域，必须远离危险。和宝宝一起出去的时候，一定要根据天气为宝宝增减衣物。

但并不是所有困难都可以通过简单的规则来解决。当宝宝哭喊时，您可能经常会不知所措。当宝宝就是不想睡觉时，您会很绝望。这种情况下，您不必无措和绝望，也许您慢慢会找到宝宝哭喊和不睡觉的原因，也许您朋友的建议会帮助您。世上不存在万能的方法。请您记住：宝宝无论是爱哭闹还是乖巧，都不取决于父母的努力。宝宝有不同的性格。您不要介意来自其他人的压力，而是应该接受您宝宝原本的样子。

如何抱宝宝和背宝宝

在最开始的日子里，您可能不会尝试去抱起宝宝，宝宝很柔嫩，也很柔弱。您要知道，这个小身体在出生时经受了很大的压力，并且他在您的帮助下对外界产生了抵抗力。温柔而又稳当、安全地抱起您的宝宝，这会给宝宝一种安全和可信赖的感觉。因为新生儿喜欢被紧紧地拥抱，这种感觉与在母亲子宫里的感觉相似。

然而您在抱宝宝的时候要注意，不要有太突然的举动，因为宝宝对此很敏感。

我们在下文中会为您展示抱宝宝的手法，也许您在婴儿课堂已经学习过了。您会发现：不久之后，抱起宝宝、背宝宝对您来说都是自然而然的事了。

正确对待新生儿

在前几周宝宝需要特殊的抱法，因为他的头和脊柱还不能被自如地控制。宝宝的头突然下垂，胳膊和腿抬高会让您感到害怕：这是一种保护反射。您需要找到几种姿势，既能好好地抱住宝宝，又能让宝宝很舒服。

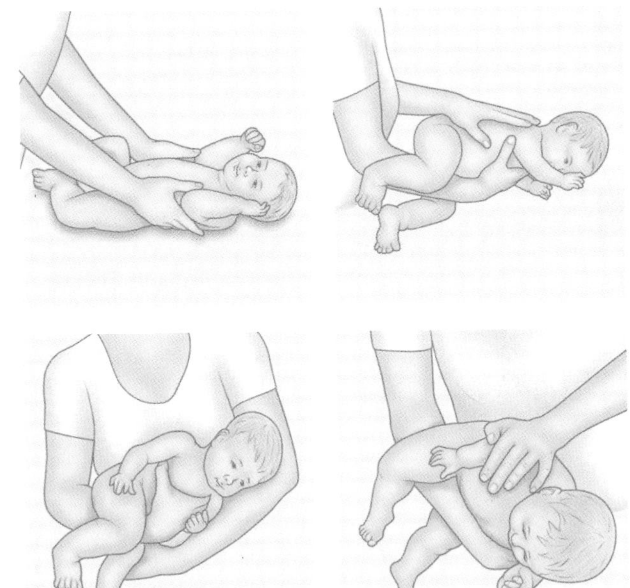

侧身抱起

先把宝宝转到侧卧的姿势，支撑宝宝的头部然后把他抬高。新生儿在出生的前3个月需要从仰卧的姿势被侧着抱起。

抱姿——眼神交流

宝宝的头躺在您的臂肘上，身体依偎在您的小臂上，您的手托着他的屁股。在长时间地抱着宝宝的情况下，您也需要另一只手在下面支撑宝宝。用这个抱姿您可以和宝宝有最好的眼神交流和最合适的观察距离，就像哺乳时一样。

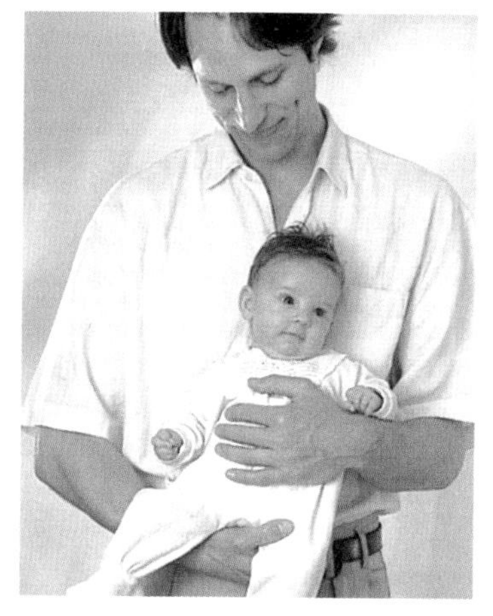

抱姿——展示

让宝宝在您的腹部前保持坐着的姿势，宝宝的视线向着前方。这种展示宝宝的抱姿适合在您想给宝宝看东西或是想分散宝宝注意力时使用。您想让其他人看看宝宝时，也可以采用这种抱姿。

抱姿——工作

这是一个理想的姿势，用这个姿势您可以抱住宝宝，同时另一只手空闲出来——适用于所有您需要用另一只手做其他事情的情况。

抱姿——打嗝

宝宝的身体和脸靠在您的肩膀上。当宝宝打嗝、咳嗽或喊叫时，这个姿势很实用。轻按胃部、笔直的抱姿有助于解决宝宝抽搐和岔气的问题。您可以用一只手轻拍宝宝的背部，这可以起到安慰宝宝的作用。

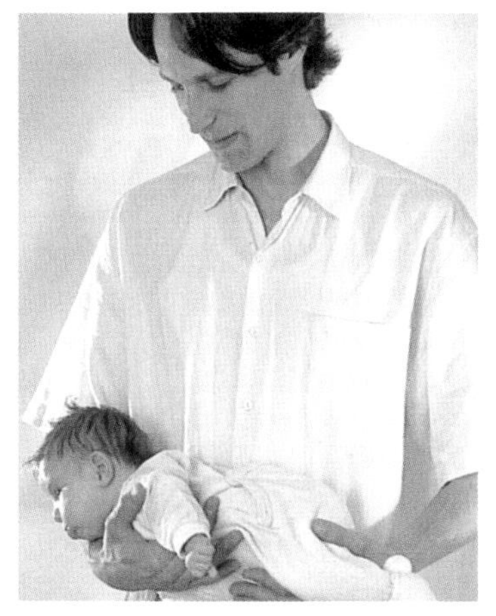

飞行姿势——肚子疼

这样抱着宝宝，像他要飞起来一样。这时宝宝的肚子可以通过运动放松。您还可以轻轻按摩宝宝。宝宝的上身趴在您的小臂上，您的手扶着宝宝的肩膀，另一只手支撑他的腹部。

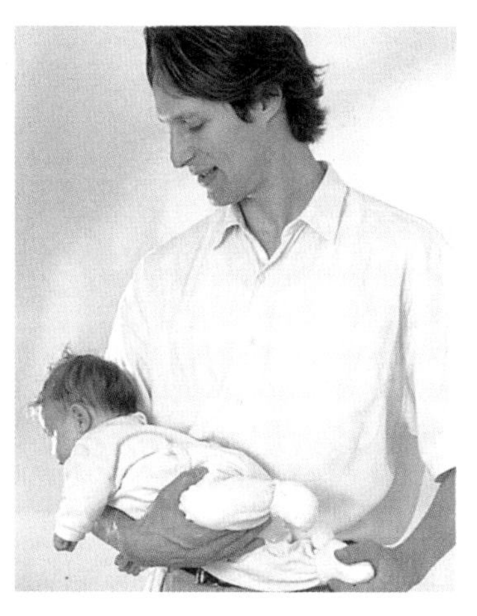

适合体型大一些的父母（尤其是父亲）的抱势：宝宝全身都趴在您的手臂上，头靠在您的肘窝，您的手扶着宝宝的小腿。另一只手空闲出来，您可以用空闲的手来抚摸或轻拍宝宝。

如何抱大一点的宝宝

宝宝在三四个月大时学会了自己抬头（参见第 173 页），背部的肌肉组织也变得更强壮。如果您观察到宝宝需要很少的支撑就能抬起头来，也就可以减少对他的支撑了，因为通过有规律的练习，宝宝脖颈、后背的肌肉组织会变得更强。

扶住腋下抱起宝宝

用左右两只手在宝宝的腋下扶住他的身体。大拇指在宝宝的胸前，其他手指叉开在宝宝的背部。现在您可以把宝宝高高地举起，举到自己的肩膀、臂肘、面部或腰部的位置。

您最好从侧面把宝宝抱起。脱衣服也最好从宝宝侧卧的姿势开始。

宝宝采用坐姿

当宝宝变重时，对您来说抱着宝宝的臀部最容易。用这个姿势抱宝宝的时候应注意让他的背部挺直。宝宝5个月大时您就可以这样抱他了。宝宝臀部在您的侧面：这样宝宝就有宽阔的视野可以和您交流，您也可以空出一只手。

宝宝的卧姿

新生儿既不能自己抬头，也不能自己翻身。因此，当您把他放下的时候，他只能躺着。小床、摇篮或婴儿车在最初几个月是宝宝最常待的地方。支架和视野要恰当，这样宝宝才不会只保持单一的姿势。

小床，摇篮，室内婴儿车？

在最初几个月里，宝宝的小床需要安全和温暖。您不必一直让宝宝待在安静的屋子里。宝宝醒着的时候，您可以把他推到您的身边，让他也参与家庭生活。

当然，在宝宝出生之前，这个“窝”就该准备好了。购买时您有大量的选择。

室内婴儿车

室内婴儿车应该是：一个小篮子，下面有轮子，上面有帘子。它非常轻，可以在屋子里来回推。需要的话，您可以一直把宝宝带在身边。晚上，如果您需要给宝宝喂奶，这样的婴儿车也会很方便。

室内婴儿车的空间使宝宝感觉舒适，它用起来真的像个窝一样，让宝宝更容易适应新生活。车篷让宝宝的视野不再空洞，也可以避免阳光直射，对噪声也起到了屏蔽的作用。此外，婴儿车有规律的摇晃可以使宝宝更容易被安抚而平静下来，更快入睡。唯一的缺点：宝宝五六个月时，婴儿车就装不下了。

- 一个好的解决办法：若您购买一个带有婴儿背袋的多功能婴儿车，您的宝宝可以从一开始就很容易睡在里面。

有篷的室内婴儿车适合1个月大的宝宝。

老式摇篮

市面上有与室内婴儿车类似的摇篮和原始的传统型摇篮。

与室内婴儿车类似的摇篮都有摇动装置，这些摇动装置也可以被固定。有些摇篮非常大，宝宝可以在里面睡上一年。缺点：摇篮没有轮子，若您想抱起宝宝，您必须俯下身，因此更推荐您安置一张婴儿床。

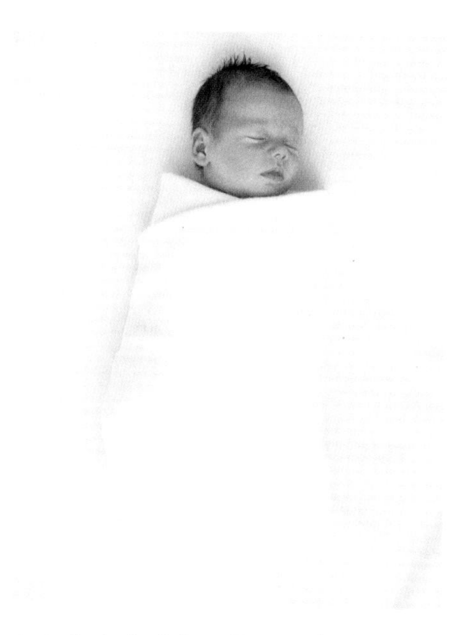

宝宝喜欢温暖的环境，也喜欢自己被包裹得紧实暖和（参见第 72 页）。但他们也喜欢手舞足蹈。

实用：有栏杆的婴儿床

宝宝从一出生就可以使用有木栏杆的婴儿床，因为这种床可以一直用到宝宝上学。如果您想要几个孩子的话，就没有必要选用这样的婴儿床。孩子大一点就会需要相应的大床，自然会把原来的小床留给自己的弟弟妹妹。最省钱的方法是，买一张 1.4m × 1.7m 的小床。

- 选择可以调整高度的床。哄小宝宝睡觉的时候就调高一些，这样您就不用弯腰了。
- 注意，栏杆之间要有 6—7.5 厘米的间距。若间距太大，宝宝的头可能会被卡住。
- 选择至少有两面栏杆可拆卸的床，这样大一点的孩子就不需要越过栏杆上床。
- 为了让新生儿住得舒服，不会磕到碰到，您应该在床头放置有棉絮填充物的护头垫等（专卖店有售）。
- 若小床较大，刚开始您可以让宝宝横着睡，把空余的那边隔开，这样宝宝会感到更安全。或者您也可以把提篮或旧洗衣篮作为小床使用。直接把它放到大的空床上。
- 有和这种婴儿床配套的床篷，适合几周大的宝宝。

舒适的床垫

床垫不宜太硬，但也不宜太软：不能让宝宝陷入床垫。

- 10—15 厘米最轻量级的泡沫垫子（硬度 3，专卖店有售）在最初几个月就够用了。对自制的摇篮或没有配备床垫的室内婴儿车，自己剪一个垫子就行。您需要两个不同大小的垫子，因为提篮往往下窄上宽。最开始您可以只放一个垫子，因为宝宝并不需要太大的面积，随着宝宝不断长大，您就需要为他再放置一个大垫子。

- 若您为宝宝准备了婴儿床，您还需要为此准备一个床垫。马尾毛床垫和椰棕床垫很稳定、坚固。您若选用泡沫床垫，则必须选择质量较好的。为了防止宝宝过敏，您可以选用泡沫床垫。

- 床垫上要有厚的绒毯或羊毛巾，上面要有透气可洗的防潮层。注意：不要用塑料或橡胶制品，它们会阻碍皮肤呼吸。最上面您可以铺一层床罩或柔软的双面绒浴巾。

- 宝宝不需要枕头。您可以在床头铺上绒巾或叠成三角形的尿布，尿布的角边要包到床垫下面。如果宝宝吐了，您只需换铺在床上的绒巾或尿布，而不必把所有铺的东西全部换掉。

- 也有人不赞同婴儿使用羊皮：过热的温度可能会引起婴儿猝死。冬天在婴儿车上盖上羊皮保暖效果很好，但在温暖的季节它就会使宝宝过热。使用羊皮您不必担心卫生问题：宝宝用的羊皮已经过仔细清洗。此外，羊毛脂有自净功能。

> **附加建议**
>
> 若您有家族过敏史，宝宝的床上用品可以使用 60℃的热水清洗。防螨床单被罩也适合有家族过敏史的宝宝使用。

如何为宝宝盖被子

- 所有阻碍宝宝呼吸，并导致宝宝过热或蜷缩的东西都是禁忌：它们有可能导致宝宝猝死。

- 能包裹住宝宝的尿布可以作为宝宝的睡衣使用，在最初几周为宝宝保暖，也会使宝宝产生安全感。

- 在任何情况下，睡袋都是理想的选择，根据季节不同，使用不同的

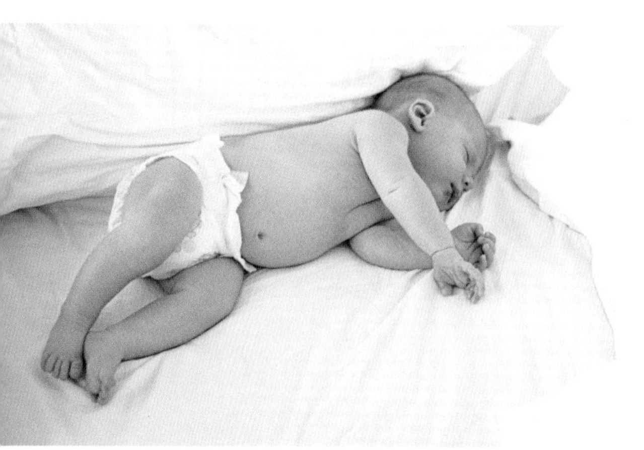

只有在最初几周时宝宝侧卧才需要支撑。宝宝睡着时，您可以小心地把他调整回仰卧的姿势。

规格。请您注意，不要让宝宝从上半部分滑出去。睡袋应该比宝宝的身体长 10—15 厘米。

• 柔滑可洗的羊毛被在宝宝睡更大一点的床时会很实用。

有关婴儿用品的详细信息您可参照本书第 261 页。

让宝宝睡好

在宝宝出生的第一年，您最好把宝宝的床安置在父母卧室的床边。宝宝在父母身边，一方面方便妈妈在夜里喂奶，另一方面，妈妈有规律的呼吸也对宝宝的呼吸起到积极的作用。

注意：

不要让宝宝在无人看管的情况下采用俯卧的姿势！只有当宝宝清醒且您在宝宝身边时才允许宝宝采用俯卧的姿势玩耍、张望以及做腹部运动。俯卧可以强化宝宝的背部肌肉，也是宝宝爬行的前提。

• 您应该让宝宝在睡觉时采用仰卧的姿势。无论如何您都要避免宝宝睡觉时采用侧卧和俯卧姿势。宝宝仰卧时不会将呕吐物吸入气管，因为气管位于食道的上方。

• 如果宝宝醒着，且在您的看管下，您就可以把他转成俯卧或侧卧的姿势。这样宝宝背部的肌肉组织会增强，为宝宝爬行做好准备。采用侧卧姿势时，宝宝的侧面需要有支撑物。

您可将毛巾卷起支撑起宝宝的背部。注意，为了使宝宝的身体不歪斜，您要有规律地调整宝宝的卧姿。

• 如果宝宝醒着的时候是仰卧的，您可以在小床的上方挂上玩具，让宝宝观看并动起来。这可以增加宝宝的运动，加强其手臂的力量。宝宝仰卧着手舞足蹈、抓东西还会增强其腹部肌肉组织。但要注意：宝宝仰卧时间太长，可能会导致宝宝后脑扁平。

重要：视角转换

宝宝喜欢一直朝着更亮的方向看。如果宝宝的小床在墙边，又是宝宝主要停留的地方，会导致宝宝头部左右不对称（即睡偏头）。因此，您需要每天将床旋转一定的角度，或者每天将床头的位置对调一下。

保证宝宝坐立和爬行时的安全

宝宝在2—3个月时开始抬头，对周围的好奇心也明显增加。当他的手脚开始乱动，第一次尝试翻身时，您就应该扩大他的活动范围了。有些宝宝很早就在床上待不住了，有些宝宝则会晚一些。不要强迫您的宝宝做出改变，偶尔进行简单的尝试，同时观察他的反应。

针对会爬行的宝宝：幼儿围栏

宝宝五六个月大时，活动范围明显变大。他会尝试第一次起身，并从一侧翻滚到另一侧。当宝宝醒来时，不必总是待在床上或摇篮里，他也可以到地上来活动。

- 您需要营造一个适合宝宝的环境，在这个环境中不可以有尖锐的、锋利的、易引起过敏的物品，并且要在插头、抽屉和柜门上配备儿童保护装置。
- 宝宝第一次尝试爬行时，大且厚的棉垫很适合宝宝。床垫越大越好。
- 幼儿围栏可以对宝宝起到保护作用。宝宝在里面有很大的玩耍空间，

宝宝安全——警告

现在越来越多的宝宝出现运动机能退化的现象，其原因在于：父母过于担心宝宝的安全，而不敢让宝宝尝试运动。这样宝宝的肌肉组织就不会生长，始终保持原样。因此不要一直把宝宝置于您的安全保护下，让宝宝自己去爬，即使这样很令人疲惫！只有在坐车时宝宝才需要安静地坐着。

若宝宝还不能稳当地坐着，您可以在宝宝身后放置一个靠垫，宝宝摔倒时靠垫会起到保护的作用。

因为在地板上还要放爬行垫，网状围栏并不实用。最大的网状围栏与床的尺寸一样，空间小且妨碍宝宝的视线。

• 如果宝宝还不能坐稳，他在围栏里活动时，您需要多加注意。当他失去平衡向后平躺时，可能会撞到围栏。若您要离开一会儿，最好还是把宝宝放回床上。

若您没时间看管宝宝，就不能把宝宝放到围栏里。请您花些时间和宝宝一起玩耍，您要习惯在幼儿护栏旁陪宝宝玩，否则宝宝会感觉一直受到冷落，对此做出抗议。

围栏也使他尝试站立变得容易。当您需要离开宝宝去地下室、房门口或接电话时，完全可以让宝宝继续玩，不必去任何地方都带着他。同样在厨房里、熨衣服时或在写字台工作时，您也可以把宝宝放在您的身边，不必一直看着宝宝的一举一动。

前提是幼儿围栏足够大（至少1.2m × 1.2m），否则宝宝就像待在床上一样。栏杆之间的距离最大为7厘米。简易的、可折叠的款式就足够用了，

学步辅助

您应该完全放弃这种想法：幻想宝宝自己很快学会走路，并且精力充沛。无论学步车还是学步带都有一定的危险性。它们易使宝宝发生意外，且会迫使宝宝做出反常的举动。有人认为宝宝可以很快学会走路，但这并非事实。因为每个宝宝都有自己的成长节奏，只有到了那一步时，宝宝才能学会走路。

如果宝宝哭喊

有时宝宝的哭喊声会使我们的忍耐达到极限。在最初几个月里，这种情况会相当频繁地出现。照顾第一个宝宝时，我并不能听出来宝宝为什么哭喊，也不能使他很快平静下来。我当时连做梦都能听见他在哭喊。

然而，宝宝的哭喊会使妈妈们很内疚，妈妈们通常会有种犯错的感觉并且自怨自艾。这会使原本很疲倦的妈妈更加难过，即便有些妈妈说：没有万能药，也没有关掉这个麻烦警报的按钮。宝宝出生时您还不具备了解他需求的能力，然而您必须慢慢地了解。要对宝宝和自己有耐心。您要清楚这一点：宝宝喊叫不是为了让您生气。后文的相关信息会对您了解自己的宝宝有所帮助，也可以让您在宝宝哭喊时正确应对。

宝宝为什么哭喊

摒弃老旧偏见：叫喊既不健康，也不会增强肺的能力。

宝宝哭喊，可能是因为：

- 他饿了。

- 尿布该换了。
- 他感到太热或太冷。
- 他肚子疼。
- 他需要身边有人陪伴。
- 他太累了。
- 他感到无聊。

作为母亲您要尝试用喂奶、换尿布、测体温、给宝宝按摩肚子、抱他或和他玩等方式来排除这些原因。安慰宝宝的方法经常会奏效——这是一种很棒的感觉。

然而有时宝宝会叫个没完。可能是因为他遇到了我们不理解的困难。

宝宝哭喊时我们总会猜测是因为宝宝不健全的消化系统，也就是常说的肠绞痛（参见第209页）。因为宝宝刚开始还不会动，就很难自己解决胃

宝宝并非总是睡觉或容光焕发，他也像我们一样会有情绪。您不用做什么，也不必在自己身上找过错。

胀的问题。

宝宝哭喊还有其他一系列可能的原因。

- 宝宝还没有形成生物钟。他的睡眠阶段（与之后相比）通常从轻微的吵闹开始。在这种情况下，父母往往会把宝宝抱起，然而这样反而阻碍了宝宝的睡眠，尽管他很累，却睡不着。如果这种情况经常发生，宝宝就完全无法形成自己的生物钟，反而会变得兴奋吵闹。

- 天气同样会成为宝宝哭喊的原因。宝宝对热风、天气变化、风暴、气温骤降很敏感。如果父母也对天气敏感，在天气不好的日子里也会感觉不舒服。

- 最初几周里，宝宝就已经开始了解并试图改变周围的环境。他想融入进去，然而他会觉得力不从心、无助、不理解和绝望。另一方面，父母也会觉得宝宝的表现很过分，想离他们远一点。这是一个恶性循环。

多少宝宝会哭喊

宝宝们各不相同，他们哭起来也不一样。行为学研究者通过调查研究得出了平均值：

- 宝宝出生前两周哭喊时间是1.5 小时。

- 宝宝出生 6—12 周哭喊时间会

增加 1 小时，从第 12 周开始，哭喊时间减少到每天 1 小时。

• 有些宝宝会哭闹个不停。他们哭喊的时间不止 3 周，每周也不止 3 天，每天不止 3 小时。15% 的宝宝在出生后 3 个月会出现这个问题。半岁宝宝出现这种问题的只有 5%。他们的哭喊时间通常在 18 点—23 点之间。

怎样使宝宝平静下来

不能任由宝宝哭闹！宝宝哭喊是想要引起您的注意，自然您也会对此做出反应。有一点您需要知道：您越快去安慰宝宝，宝宝就越容易平静下来。调查表明，宝宝哭喊超过 5 分钟，就很难再安静下来。宝宝出生后的最初 3 个月，如果父母在宝宝哭喊后立即去安慰他，那么在接下来的几个月宝宝会更安静。父母不理睬的态度只会适得其反：将来宝宝会哭喊得更厉害，他们比起其他同龄人，将缺乏沟通能力。如果宝宝哭喊，您应该立即去安慰他。

建议

当宝宝感到饥饿，需要换尿布，感到太冷或太热，或者他只是需要您的陪伴时，您的安慰很容易让宝宝平静下来。然而如果宝宝不管怎样就是哭闹个没完，您就该尝试下面的方法了。不要失败一次就立即放弃。

• 不要立即抱起宝宝，有规律地来回摇晃或推动宝宝的婴儿车或小床——这样可以消除胃胀。如果家里只有大床的话，就用婴儿车。

• 宝宝如果还不会吸吮大拇指，您可以给他个奶嘴来满足他的吸吮要求（更多奶嘴的信息详见第 112 页）。

• 您和宝宝一起躺在床上，把宝宝放到您的腹部，亲吻他，给他唱歌，这对双方都有好处。

给爸爸们的特别建议

如果宝宝遇到了很糟糕的一天，受尽折磨的母亲也到了忍无可忍的地步，这时候就需要您的帮助。若您工作不忙，让您的妻子外出几个小时，或者您单独带着宝宝出门走走。

妻子与宝宝分开了，会重新恢复能量。您可能会惊讶地发现，宝宝在您的陪伴下变得安静了。

附加建议

用传统的方法包裹宝宝，会使很多吵闹的宝宝变得更安静。有人认为，这样宝宝会有种在母亲子宫里的安全感：将1m×1m的布或绒巾叠成三角形，尖朝下；让宝宝仰卧在长边的中间，露出头部；先把一侧围起来，把角插到宝宝身后，然后把另一侧固定住；把下面的尖角向上折叠——完成。

• 若宝宝哭喊的时间很固定，那么在这段时间您可以带他出去散步。打开婴儿车车篷，宝宝坐在婴儿车里，感受周围的声音和新鲜的空气，这会使他安静下来。

• 飞行姿势能缓解宝宝肚子疼(参见第55页)。如果想让宝宝与您更亲近，您可以使用婴儿背袋（参见第74页)。

• 宝宝胃胀也可能另有原因（参见本书第209页)，请您尝试下哪种方法能帮到宝宝。

• 也许宝宝喜欢听音乐，那就让他置身于音乐之中。将宝宝抱起，让他靠在您的肩膀上，一起享受轻松的音乐。或者您也可以抱着宝宝跳舞。

母亲烦躁时

没有什么比没完没了的哭闹更使母亲倍感压力。您现在尽管抛开您的日常活动、计划和工作。在压力之下您会失去耐心，也会使宝宝失望。您不能草率对待，请接受宝宝的哭闹。

您也要承认有时您对宝宝有负面感觉，如气愤和恼怒。这是正常人对长期缺乏睡眠以及过度劳累的反应。如果这种感觉一直持续困扰您和您的先生，就很危险。我在怀孕时学的腹式呼吸和放松练习在我生气的时候起到了很好的安抚作用。唱歌和聊天也有利于减压。

注意：

压力会导致痉挛。请您注意，放松您的下巴和嘴，然后放松全身。您可以在本书166页找到相应的小练习。紧急时刻您就放下宝宝，换一个空间找回自我。

一切为了健康的睡眠

宝宝们多数情况下不会像父母希望的那样睡上一整夜。他们很难安静下来，睡着了会很快再次醒来，尤其是在晚上，这时候大人已经很累了，而宝宝们却常常醒来。照顾宝宝的最初几个月会使人不堪重负，因为没有什么比长期缺乏睡眠更让人烦恼。然而，如果您理解了宝宝的睡眠行为，您便会适应，并安排好您迫切需要的休息时间。

连续睡眠，可能吗

宝宝们睡觉习惯各不相同，会因不同睡眠阶段（详见本页）的短暂转换而不停醒来。因此在最初几个月宝宝不会有超过两三个小时的整段睡眠。调查结果显示，白天睡得多的宝宝，在晚上会特别清醒。像我们成年人一样的生物钟在宝宝四五个月大时才会形成。不要被这个问题困扰：宝宝能否乖乖睡觉？也不要听信一些文章中报道的存在一直睡觉的神奇宝宝。连续睡眠并不意味着宝宝一整晚都很安静，而是指从午夜到早上5点钟左右的睡眠。6个月大的宝宝中，有80%都是这样。更长时间的睡眠宝宝还做不到，因为宝宝需要多次进食，来满足自己的能量需求（参见第84页）。

睡眠阶段和睡眠时长

与成年人一样，宝宝也有三个睡眠阶段：深度睡眠、过渡阶段和浅度睡眠。与大人们不同的是：宝宝们的睡眠从不安的浅度睡眠开始。睡眠阶段的交替也要比大人频繁得多，浅度睡眠占到了睡眠时长的80%。在这个阶段，宝宝要比醒着的时候还要急躁。到了第3个月，宝宝的睡眠渐渐与成人的睡眠相一致，深度睡眠占据主导地位。

宝宝每天的睡眠时间因人而异。尽管如此，您仍可以参照以下的时间点。当然，宝宝还不能连续睡这么久。

第1个月到第2个月	16—19小时
第3个月到第4个月	15—18小时
第5个月到第6个月	14—16小时
第7个月到第8个月	13—15小时
第9个月到第12个月	11—14小时

如何拥有一个美好的夜晚

是否可以教会宝宝形成自己的生物钟，这个问题一直很有争议。然而，当宝宝睡眠完全没有规律，吵闹得晚上使您精疲力竭时，您可以尝试考虑以下建议：

- 若宝宝白天经常在室外，他对光线就会有不一样的感觉，对夜晚的感受也会更明显。宝宝在家时，室内应保持充足的光线（避免阳光直射）。
- 如果您白天为宝宝洗澡时已经陪宝宝玩耍了，那么晚上除了换尿布和喂奶之外，就不要再让宝宝过于兴奋了，安静的宝宝更容易进入睡眠。宝宝睡觉时，不要打开灯。只有在为宝宝换尿布或喂奶时，才打开光线柔和的灯。
- 白天有规律地叫醒宝宝给他喂食。宝宝喝的奶水越多，晚上整段睡眠的时间也会更长。
- 冷或热都会影响睡眠。脖子潮湿说明宝宝感觉热，脚冷说明宝宝感觉寒冷了，要相应地给宝宝换衣服。不要让房间过热。
- 不要让宝宝哭喊的时间过长，否则宝宝一整晚都安静不下来。
- 考虑好宝宝在晚上是不是真的必须换尿布。当然宝宝不能受潮，但是换尿布时冷空气会让宝宝清醒。
- 用粥代替奶水对宝宝的睡眠没有任何作用。

注意：

对于很多宝宝来说，空间的分离是影响睡眠的最大因素。因此，最初几个月不要让宝宝自己在婴儿房睡觉：待在您身边，感受您规律的呼吸声，都会使宝宝平静。同样，宝宝睡在父母身边也会减少宝宝猝死的可能

附加建议

儿科医生针对宝宝夜晚的哭喊研究出了一种方法。首先您要记录宝宝晚上醒来的时间。在这段时间前的15—30分钟叫醒宝宝，给宝宝喂食或喂奶，亲吻他，再把他放回到床上。第二天晚上，晚15分钟叫醒宝宝。随着时间的变化，宝宝的睡眠时间会越来越长。如果宝宝依然在同一时间醒来，您就再把喂食时间转换到宝宝哭喊前。这样宝宝的睡眠时间会变长，而减少哭喊时间。

性。此外，在晚上安抚宝宝、给宝宝喂奶时，您也不必太折腾。很多宝宝喜欢和父母睡在一张床上，您可以试验一下这样做的效果。您不必担心会压坏宝宝。但是宝宝还是要有自己的睡袋，靠在一个固定的垫子上。绝对不要让被子或枕头压到宝宝。

怎样让宝宝睡得更好

宝宝很难连续睡眠，入睡也不是件容易的事。如果宝宝太兴奋，就很难安静下来。

准备进入甜蜜的梦乡

当然，如果您能找到让宝宝快速入睡的方法再好不过了，但是您不要有什么极端想法。宝宝睡觉这件事可能会持续给家庭生活带来压力，也可能会因此成为噩梦。也许以下建议能帮到您：

- 在宝宝入睡前的一段时间营造安静的氛围：在宝宝入睡前，电视、收音机的声音，哥哥姐姐的吵闹声或者逛街购物都应该避免。
- 轻柔的摇晃对宝宝入睡有神奇的辅助作用。这时您要有耐心，尝试保持相同的节奏。
- 所有著名的、经典的摇篮曲，都有古老的音序，对宝宝有镇静作用。
- 让宝宝靠在您的肩上，抱着宝宝起舞会使很多宝宝平静下来。如果宝宝太重，您可以用婴儿背袋作为辅助。当您保持单一的节奏达到5—10分钟时，宝宝会慢慢进入梦乡。
- 每晚都重复的入睡程序会对宝宝入睡有帮助。在宝宝出生的最初几个月里，一首晚安歌，一个小型的祷告，同样的灯光会让宝宝产生同样的反应。
- 也许您的伴侣能够帮助宝宝入睡，他现在比您更有耐心。
- 有些宝宝在洗澡时会清醒，另一些宝宝在洗澡时会疲倦：在洗澡水

当宝宝终于放松地进入梦乡，您也会感觉无比轻松。

里加入滇荆芥油（按照包装上面的计量说明），洗澡后不要把宝宝擦干，用温暖的毛巾包住他。为宝宝穿好衣服后，直接把他放到温暖的床上。

- 和宝宝一起坐到摇椅里。
- 用宝宝专用的吊床或吊篮（专卖店有售），它们可以挂到天花板上。
- 父母的睡眠建议，宝宝哭闹的夜晚父母怎样能得到休息，参照本书第 167 页。

带着宝宝上路

现如今即便是新生儿，也不会被包裹得过于严实。因为母亲大多独自和宝宝在家，所以外出时也会不可避免地带着宝宝。宝宝能承受怎样的冷热程度呢？

什么时候呼吸新鲜空气？

宝宝要在这个星球生活，所以一开始就能够适应新鲜的空气。晒太阳是治疗黄疸的最好方法。不要害怕，出院后，您可以带宝宝去花园或者把宝宝放在阳台，也可以用婴儿车推着宝宝出去走走。日光中的紫外线辐射可以间接促进皮肤产生维生素 D，这会对骨骼的健康发育起到很好的作用。

此外，有规律地外出透气可以使宝宝得到锻炼。

有关调查显示，室内的空气与室外的空气相比有更多的病菌、螨虫、化学物质和烟雾。

这是我的亲身经历：视野中摇晃的树枝和外界（即使是在车中）的声音环境更能使宝宝全神贯注和安静。在新鲜的空气里或呼吸过新鲜空气后，宝宝睡在他的小床上时，会睡得更好。如果您有花园、露台或阳台，您就不必推着婴儿车出去散步了，您可以在家里好好享受新鲜空气。

小心极端情况

对于极端情况，宝宝非常敏感。与成年人相比，宝宝对温度变化的调节能力还很差：他的身体面积较小，也更轻，排汗还不是太好，尤其是不会自主调节身体的产热与散热。感觉太冷或太热的时候，他只会喊叫，向您寻求帮助。

宝宝如何抵抗炎热

我们的观点：宝宝易热。如果您给宝宝穿得太多，无论在夏天还是在寒冷季节的热房间，宝宝都会感觉过热。

- 最好给宝宝穿天然纤维材质的衣服。棉花和羊毛有调节温度的作用。
- 宝宝脖子常常出汗：摸一下宝宝的脖子您就会知道，宝宝是否穿得太多了。
- 在炎热的天气里宝宝要多喝奶(参见第119页)。如果您为宝宝哺乳，宝宝也许会需要额外的一餐。如果您已经为宝宝添加辅食了，那么宝宝还需要额外补充水或流质食物。
- 不要让宝宝待在阳光下，而是要一直待在阴凉处。他还不能接受阳光直射，因为热量过大。宝宝并不需要防晒霜，但可以戴一个带子能固定在下巴处的太阳帽。
- 气流和风对宝宝来说都很危险，即便是微风也会从身体带走热量。

注意：

如果宝宝感觉过热，他会表现得无精打采、很疲倦。您应立即把他带到凉快的房间，给他脱去衣服，扇风，喂水，用温水擦拭身体降低体温。必要的话立刻带宝宝去医院。

大量新鲜空气和阳光能增强宝宝的抵抗力，并给宝宝带去乐趣！

让宝宝享受冬天的乐趣

在宝宝出生最初几周或几个月，即便在零摄氏度以下，宝宝也可以外出呼吸新鲜空气。

但是时间不要太长：出去两次、每次半小时比一次出去两小时要好。

前提是把宝宝包裹得够暖。

• 羊皮脚套是婴儿车的理想配置。皮垫、羊毛毯，再有一个小鸭绒被也很好。现代材料制成的电热被和电热脚套非常轻，易清洗，保暖度也很好。

• 如果空间有限，婴儿车被放在门后或阴凉的过道里，可在出门前用热水袋微微加热。

• 如果宝宝下巴以下被包裹得很暖，小夹克衫、手套和羊毛帽子就够了。

• 在外面时，如果宝宝在婴儿车里睡着了，每半个小时您就要检查一下脚套里的温度：一定要温暖。

• 婴儿背袋不适合太冷的天气使用，因为宝宝在里面不能动，不能营造像婴儿车里一样温暖的“小窝气候”。

• 出门前 15 分钟在宝宝脸上涂上薄薄的一层润肤霜或宝宝精油。出门的时候注意宝宝的皮肤一定不要潮湿。

注意：

热水袋经常会导致烫伤。注水几分钟之后用手腕内侧测试一下温度。热水袋可以很温暖，但不可以过热。还可以把热水袋包在毛巾里。请使用大的热水袋，这样可以长时间保持温热，同样不要太热。

空气中的危险

汽车尾气会加重宝宝呼吸器官的负担。

• 如果可以的话，在散步时选择远离市中心和繁忙的街道的路线。

• 汽车排气口高度上的空气中尾气浓度最高。所以在城市里，高的运动车或儿童车比婴儿车要更好。

除了空气污染、炎热的气候、寒冷的气候，高含量的臭氧对宝宝来说也是一个危险因素，因为宝宝即使是在睡觉时，呼吸频率也比成人要高。

• 空气中臭氧浓度低于 120 微克 / 立方米时是无害的。

• 若空气中臭氧浓度超过 180 微克 / 立方米，您就只能在上午带宝宝出去多待一会儿了。

• 若空气中臭氧浓度超过 250 微克 / 立方米，宝宝每天只能在室外待一小时。

• 若空气中臭氧浓度超过 300 微克 / 立方米，最好让宝宝待在家里。在封闭的空间里，臭氧会在 15 分钟内分解。

臭氧为什么有害

臭氧会侵入肺部，削弱肺部的能力并刺激它。这样一来宝宝会经受不起传染和过敏。空气中的臭氧含量从德国北部到南部、从平原到山地不断增加。臭氧含量在一天之中的中午到晚上浓度最高，在清早的时候最低。

交通方式：婴儿车还是婴儿背袋

在非洲和亚洲的部分地区，上班的妈妈会一直把宝宝抱在胸前或背在背上。在我们这里，婴儿车是带宝宝的传统交通工具。二者皆有各自的优缺点。

婴儿车

婴儿车最大限度地减轻了妈妈的负担，降低了妈妈长时间散步的疲劳。在购物时婴儿车也可以用来盛放物品，还为宝宝营造了与周围环境的距离感。在妈妈散步和购物时，宝宝也可以小憩一会儿。同时婴儿车为宝宝提供了安静的区域，使宝宝远离寒冷，保护宝宝免受伤害。很多宝宝在婴儿车或小床里要比在爸爸妈妈的手臂上睡得更好。婴儿车也可以使宝宝避免阳光直射，很好地防晒。

购买婴儿车时请注意：

- 若您住在农村，则使用轮子大一些的婴儿车，大轮子更适用于乡村土路。这种车减震效果也会更好，宝宝会感到更平稳。这种车通常很稳固、舒适，但是有些重。
- 经常乘坐公共交通工具的人，住在楼房或总是要把婴儿车放在车里的人应该选择较轻便的、节约空间的款式，一般可选小轮的婴儿车。
- 在购买之前您可先试一下婴儿车的性能。选择适合您高度的婴儿车，即选择您不需要弯腰去推的婴儿车。如果您先生比您高很多，您应选择可调节把手高度的婴儿车。
- 若您经常需要把婴儿车放进车里，应选择可折叠的婴儿车。折叠的婴儿车打开时能自动还原成原来的样子。折叠时必须要先开锁的婴儿车较安全稳固。
- 大多数婴儿车都能够改装为运动车。最初为了给宝宝营造一个“安

运动婴儿车有较宽的轮子，弹性也很好，适合喜欢跑步的母亲。

全的窝”，选择婴儿车时注意床面要平，要有车篷。选择三轮婴儿车还是四轮婴儿车要根据您自己的需要决定。如果不知道如何选，您可以选择四轮婴儿车，因为相比之下，四轮婴儿车更加稳固。

• 多功能婴儿车的上半部分可以取下来作为婴儿背袋使用。这种婴儿车很轻，也很稳固。此外，还有为大一点的、已经学会坐的宝宝使用的运动婴儿车。多功能婴儿车可以转换为运动婴儿车。注意，为满足宝宝睡觉的需要，您应选择靠背可以完全放平的婴儿车。

• 轻型婴儿车比运动车更轻、更省空间，可以搭配多功能婴儿车使用。但这种婴儿车需要宝宝快满周岁了才能使用。注意选择轻便的、方便您携带的款式。

• 内部配备：原则上婴儿车不需要额外的被子或毯子，也不需要婴儿羊皮被。床垫、雨布和阳伞一般是婴儿车的配件。您可以用毛巾布做成床垫。两条法兰绒毯和一个脚套（夏天棉的，冬天羊皮的）可作为对宝宝额外的保护。此外，婴儿车上附带的购物网袋和购物篮也很有用（参见第265页）。

婴儿背袋

尽管婴儿车有那么多优点，我们也还应使用婴儿背袋：当您使用婴儿背袋背宝宝时，宝宝会紧挨着您，感受和倾听您，闻到您身体的味道。这对他非常有益。此外当您乘坐滚梯、有轨电车、公交车和爬楼梯时，使用婴儿背袋会让您更加灵活。同时婴儿背袋还可以解放您的双手，让您可以完成工作或照顾宝宝的哥哥姐姐。因此，城里的父母也会使用婴儿背袋。

• 婴儿背袋一般分为坐式婴儿背

袋和缠绕式婴儿背袋。您可以向朋友求助，以便了解哪种婴儿背袋更适合您。宝宝的父亲也可以帮忙选择婴儿背袋，因为他也要背宝宝。

- 使用婴儿背袋的其他建议：您只能在宝宝 3 个月之前把宝宝背在胸前，之后他就太重了。当您做家务时，您最好把宝宝背在背上。他会跟您更紧密，也会远离危险区域。把宝宝背在腰上也会很好地为您减负。不过这个姿势会使您和宝宝缺乏眼神交流。当宝宝可以抬头的时候，可以把他背在腰上，这对宝宝的髋关节有好处。

购买时请注意：

- 如果宝宝还不会抬头，头部就需要支撑。

婴儿背袋满足了宝宝想和父母亲近的需要，同时母亲也可以自由活动。

- 选择可调节的婴儿背袋，这样宝宝可以一直紧贴着您。婴儿背袋可以缓解因走路产生的震动，同时也不会给宝宝脆弱的脊柱增加负担。
- 婴儿背袋也应该和宝宝一起“成长”，也就是说，宝宝大一点不需要头部支撑时，他的头部就可以从婴儿背袋中解放出来，再大一点就可以解放上半身了。
- 当宝宝的父母身高差别较大时，缠绕式的婴儿背袋就很不方便了——您总是需要重新系，而坐式婴儿背袋就没有这个问题。
- 当宝宝可以坐的时候（8 个月以后），把宝宝背在背上所需的内置支架才可以用。
- 选择可洗的婴儿背袋。第一次使用之前一定要清洗。请您选择有“绿色检测 100”标记的婴儿背袋。

婴儿汽车座椅

大多数宝宝都喜欢坐车。几乎所有宝宝看到窗外疾驰而过的汽车时，都会感到兴奋，发动机有规律的声音对多数宝宝能起到镇静作用，他们会在车里睡上一觉。然而，即使是短途车程，婴儿汽车座椅也是必需品。好的汽车座椅很贵，您可以选择二手婴儿汽车座椅，或在旅行时向朋友借一个。宝宝 3 周岁时您就需要为宝宝购买一个新的座椅了。

注意：

如果副驾驶位置的安全气囊有效，会给宝宝带来危险。因此，您在购买汽车时或在修理厂时，应该把气囊调为无效。如果这种方法不可行，一定要让宝宝坐在汽车后座上。

车内安全

宝宝坐车时必须有保护措施。自 2002 年 1 月 1 日起，根据欧洲标准，7 岁以下儿童在车内必须使用经检测合格的儿童支撑装置，如婴儿防护罩、儿童座椅等来保障安全。在车内禁止使用婴儿背袋。

- 13 千克以下（大约 9 个月以内）的宝宝适合标准尺寸 0 + 的婴儿防护罩。婴儿防护罩要安置在与行车方向相反的方向。
- 9—18 千克重的宝宝（9 个月至 4 岁），有标准为 1 的安全带装置，这个装置安装时应与行车方向相同。此外 ISO-Fix 安全带装置适用于改良后的婴儿车固定装置。通过特殊装置，可以把儿童座椅非常稳定地固定在汽车里。购买时请注意选择“万能型”座椅，这种座椅适合各种车型。

当宝宝还很小时您就可以使用婴儿汽车座椅等安全装置了。

- 儿童安全座椅一定要符合欧洲标准 ECER-44/03 或 04，在座椅的标签上有相应标识。
- 您可在消费者中心或基金会产品检测网（www.stiftung-warentese.de）获取相关信息，并带着宝宝试验座椅。

给宝宝更多的乘车乐趣

- 禁止过度通风：您要注意热度和气流，行车时避免开窗。
- 奶嘴和布娃娃可以化解小危机。
- 为什么不在坐车时唱歌呢？这比起 CD 音乐更能拉近您和宝宝之间的距离。

注意：

不要把宝宝放在阳光直射的车中：逐渐累积的热量会使宝宝有生命危险。

- 为汽车的侧面和后方玻璃安装遮光罩（加油站商店、汽车配件店均有售），车内人员会感觉很舒适。遮光罩不仅可以防止阳光直射产生大量热量，还起到保护宝宝眼睛的作用。很多宝宝在坐车时经常会兴奋，他们总是尝试用眼睛去盯着那些超过的车辆。遮光罩会避免这一情况的发生。

交通工具	适用于	优点	缺点
缠绕式婴儿背袋	最初4个月	解放您的双手，使您可以自由活动。和宝宝紧贴在一起，让宝宝更容易平静，也加深了亲子关系	当孩子大一点时，使用这种婴儿背袋您会觉得太重了
坐式婴儿背袋	第一年，有些也可以用到第二年末	解放您的双手，使您可以自由活动。几乎所有款式都可洗。背袋便于安放	没有缠绕式婴儿背袋灵活，不适合小一点的宝宝
婴儿汽车座椅	小型采购和其他的短途出行	方便，您不必携带沉重的婴儿车	在安全的空间，宝宝的活动自由更少。不稳固且易摇晃，较贵
婴儿车	长途散步，寒冷的季节	最大程度解放您的身体，保护宝宝免受阳光和冷热侵害。很稳固，有弹性，提供很多储物空间，可以采购时用	占地方，沉重，短程使用很麻烦。您未来还需要其他的婴儿车
三轮运动车	乡村土路，想和宝宝慢跑时	车轮更适合崎岖的地方，便于控制	贵，不适合小宝宝使用，宝宝小的时候您还需要一辆婴儿车
多功能婴儿车	所有的小空间	灵活，可调节，适合不断长大的宝宝	贵，改装很麻烦，不是那么稳固
轻型婴儿车	大一点的、可以坐着的宝宝	可折叠，节省空间，容易运送	不稳固，弹性差。不适合小宝宝使用

让宝宝长高变壮

无论您是给宝宝喂牛奶还是哺乳，都会一直有新的问题出现：宝宝饱了吗？哪种奶更适合宝宝？什么时候给宝宝断奶？从什么时候起添加辅食，用什么做辅食？宝宝怎么学习自己吃饭？在接下来的这一章中，您能找到有关食物和营养的一些信息，这些信息能帮助您解决宝宝第一年遇到的一些问题。

宝宝和成人的饮食不同。他们很敏感，需要特别的食物。因此，理想的食物对于宝宝的茁壮成长来说非常重要。

有关宝宝饮食的基本知识

幸运的是，大自然经过几千年的发展，孕育出了母乳，完美迎合宝宝的所有需求：它适合宝宝不健全的消化和代谢器官，在第一年里为宝宝的迅速成长提供大量的营养。

- 宝宝出生后需要很多脂肪热量，占所需能量的50%，随着逐渐长大，这个比例会降低到大约30%。脂肪热量是浓缩的能量，为细胞结构及大脑提供重要的营养。

- 宝宝需要足够的蛋白质才能健康成长（占能量供应的7%），但也不能过多，否则会加重肾和肝的负担。

- 宝宝需要大量的碳水化合物（大约占总能量的40%）作为能源储备，同时也用于身体的新陈代谢。

- 尽管含有大量的碳水化合物，母乳的糖分也只有加糖奶的1/7。母乳的含盐量很低，这样可以保护肾脏，同时保存婴儿体内的水分。尽管如此，母乳中富含钙，可以保证骨骼健康发育。除了维生素D之外，母乳包含足量的所有其他必需的维生素。母乳是市场上销售的所有婴儿乳制品都无法比拟的。

婴儿乳制品和母乳相似，在宝宝4—6个月大时，为宝宝提供所需营养。

宝宝半岁后，体内的铁储备耗尽，植物纤维对宝宝的肠道来说变得更重要。宝宝长出了牙齿，这时您可以为宝宝添加辅食了。最近几年的所有研究都显示，从宝宝5个月开始，在为其提供母乳的同时少量添加辅食会降低宝宝过敏的风险。

现今的观点：

不必害怕宝宝过敏而刻意不给他吃某些食物。在宝宝5—8个月时逐渐为宝宝添加不同的粥。可以从每天中午的蔬菜粥开始。宝宝6个月后，可以在晚上给宝宝喂食牛奶粥；从第7个月开始，下午为宝宝提供谷物水果粥。

与以前的观点不同，现在我们知道应保证宝宝饮食的多样性。因此您不需要过于夸张地谨慎小心：鱼肉可以抗过敏，肉中铁含量很高，蔬菜含有大量的维生素和矿物质，不易消化的东西尽量少加。菜籽油富含脂肪酸，推荐使用。不要在宝宝的食物中添加盐。宝宝半岁后，才能在晚上的粥里加牛奶。

宝宝快10个月时，可以渐渐地享用一点家人的饮食，等到宝宝1岁时，他就可以和家人一起进餐了。到那时，除了一日三餐外，宝宝还需要两顿辅餐，上午、下午各一次。如果您和宝宝喜欢，当然也可以继续母乳喂养。学吃饭是宝宝第一年的目标。

吃饭对宝宝来说很重要，尽管会有一些困难，但您不要让它成为困扰您的问题。

每个宝宝都有不同的速度，您不要揠苗助长，要有耐心，但也要注意，不要总是把自己的宝宝当作小宝宝对待。

吃饭：什么时间，吃多少

当您按照宝宝的年龄为他准备食物时，不必总是在意宝宝吃了多少。您只需确保他的成长，因为这是健康的最好证据。宝宝成长健康手册中有很多数据，这些成长数据可以让您了解到您的宝宝是否茁壮成长。尽管如此，在宝宝的饮食方面您也会遇到很多问题。在后文中您会了解到您需要注意的方面。自86页起，您会找到有关哺乳的具体信息，自108页起是关于婴儿乳制品的信息，自120页起是与辅食相关的信息。

从牛奶到菜单

儿童营养研究所（下方）会告诉您，宝宝在第一年的不同时期需要什么样的饮食。

- 在前4个月，牛奶、母乳或婴儿乳制品。
- 最早在宝宝5个月时，您可以

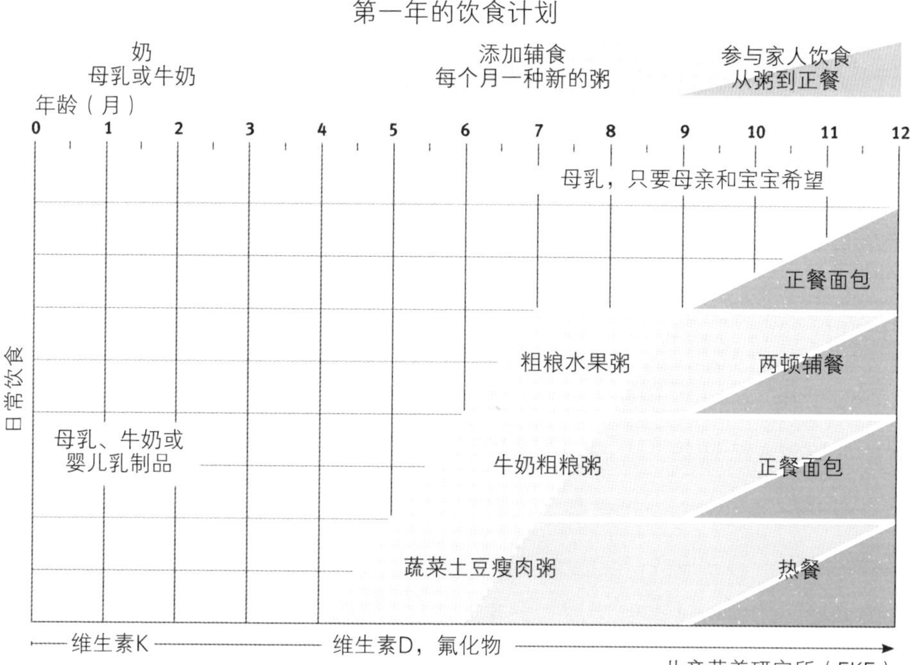

开始在中午用蔬菜粥、土豆或粗粮、肉类、鱼类、鸡蛋以及脂肪（最好含有菜籽油）代替奶。菜籽油可以满足宝宝对铁的需求。您可以在晚上为宝宝准备牛奶粥。可用无奶的粗粮水果粥代替午饭，因为过量的奶会导致蛋白质供应过多（从本书第126页起有相关食谱）。

- 开始为宝宝添加辅食后，早餐是唯一只喝奶的一餐。宝宝学会咬东西之后，可以在奶中加入面包或混合麦片。

- 宝宝快满1周岁时，可以渐渐和家人共同进餐。您要小心地在食物中加入盐和其他调味品，避免不好消化的以及硬的食物，这对您和宝宝都有好处。

- 饮料呢？喝母乳的宝宝在盛夏既不需要茶也不需要水，他多喝奶就可以了：母乳也会随着季节的变化而变化，夏季母乳会变得清淡。喝牛奶的宝宝就需要额外补水了。已经添加辅食的宝宝最好多喝水，尤其是自来水（更多水质信息见第115页）。

有过敏倾向的宝宝，如果已出现症状，就要停用牛奶，直到宝宝可以和家人共同用餐（参阅本书第207页）。

- 很多母亲过早地使用奶瓶给宝宝喂奶，因为这样很方便，而且宝宝在晚上也更容易入睡。但从长远来看，过早使用奶瓶对宝宝的牙齿有害（参见第119页）。您可以尝试着在宝宝两周岁时用奶瓶给他喂奶。

第一年妈妈们要不停地改变宝宝的饮食：当您感到哺乳很困难时，就要让宝宝开始吃粥了；如果宝宝不肯吃胡萝卜了，那就要尝试其他的食物。总之，您要及时了解宝宝的饮食需求。

宝宝开始有规律地进食

您不必在固定的时间为宝宝喂食。不是所有的喊叫都意味着饥饿（参见第63页）。

按需喂食

在最初几周，宝宝还分不清昼夜。他的胃很小，因此需要多次少量进食。最初可能会每2—3个小时喝一次奶。

不久之后，他的需求就变成了每天5—6餐，每次的进食量会随之变大。

有些妈妈每天只给宝宝喂4餐，这显然不够。

然而妈妈们也要知道，宝宝们不会感觉特别饱，也不会感觉特别饿。新鲜的牛奶在宝宝的胃里有时不易消化，可能会导致宝宝肚子疼。因此，在宝宝吃过饭后，如果他还是哭喊，您可以试着和他玩，和他说话，以便分散他的注意力：他不可能每次哭喊都是因为饥饿。

宝宝需要多少奶量

宝宝每日饮用的奶量有一定的参考值，由于体型和性格的不同，每个宝宝的需求也不一样。此外，宝宝会出现食量剧增的情况，有时候也会完全没胃口。当您用奶瓶给宝宝喂奶时，请您按照参考值为宝宝喂奶。

饮用量与宝宝的体重相关。您可以这样计算：

- 在最初 10 天里，60×（出生天数－1）±10 毫升；
- 在前 6 周，体重的 1/5；
- 直到第 6 个月，体重的 1/6；
- 在 6 个月之后，体重的 1/8。

对于母乳喂养的宝宝，您不必在每次哺乳前后都为宝宝称重。这太费事，而且很多时候也不准确。

重要的是您应该知道宝宝体重增长是否适度。当然，您不必每天为宝

宝宝每天所需的奶量

年龄	每日奶量	每日饮用次数
2周	450—600毫升	5—8次
3周	500—650毫升	5—7次
4周	550—700毫升	5—6次
5周	550—750毫升	5—6次
6—8周	700—850毫升	5—6次
3—4个月	750—900毫升	5次
5个月	700—850毫升	4—5次
6个月	500—600毫升	4次

宝称重：您（或助产士）可以每1—2周为宝宝测量一次体重。如果宝宝发育明显，就足够了。如果您感觉宝宝发育较慢，一定要及时咨询医生。

- 您会惊讶地发现，以上表格中第5个月的数据有所回落：这是加入辅食的结果。您如果在宝宝6个月才为他添加辅食，那么第5个月的奶量应该与第4个月月末时一致。同样，在6—7个月时，为宝宝添加无奶粥也会使宝宝所需的奶量下降。前面表格中提到的奶量指的是宝宝只喝奶的一餐。因此，您不必严格遵守参考值：可以上下微调。

可以给宝宝喂得过多吗

不只习惯是从小养成的，宝宝的身体调节功能也是在出生前后的几个月“被编程”的。一项针对代孕母亲的调查显示，宝宝的体重受代孕母亲的影响比受其生物学母亲的影响还大。换句话说：从一开始，宝宝的身体就会受到其生活环境的影响。孕期第24周直到宝宝出生后的第4个月是非常重要的时期。只要宝宝的体重与年龄相当，您就不必担心。母乳喂养的宝宝不会长得过胖，用奶粉（参见第109页）喂养的宝宝每次也不会喝得过多。

- 请您按照说明准备奶瓶和辅食，不要强迫宝宝把奶瓶里的东西都喝完，在5个月前最好不要为宝宝添加辅食。
- 正常的生长和体重曲线可以在宝宝成长手册中找到。

消化问题

宝宝的消化器官还很敏感，小的障碍也可能发展为明显的问题。这种情况常常用简单的疗法就能解决：本书第213页后，您会看到针对疼痛的有效建议，如：便秘、腹泻、胃胀和受伤。

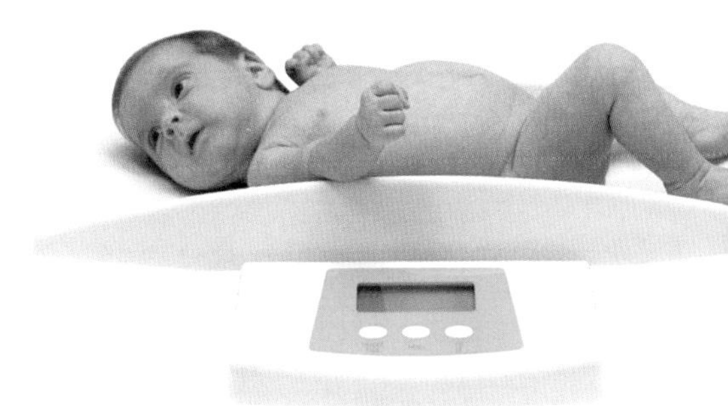

哺乳是一件非常自然的事，然而也并不简单。为此您值得付出努力，因为给宝宝哺乳不仅仅意味着为宝宝提供成长所需的营养，还意味着与宝宝重建联系。宝宝在母体中时与妈妈关系密切，出生后这种密切关系突然消失了，而哺乳这个过程会对这种缺失有所弥补。在哺乳时您也会更专注于您的宝宝。

母乳喂养

自从婴儿奶粉问世后，喂养宝宝就有了新的可能性，现在并非所有的妈妈都为宝宝喂母乳。战争结束后，哺乳母亲的数量越来越少。所以现在很多祖母也没有哺乳方面的相关经验。20 世纪 70 年代早期又发生了回归自然的大转变——哺乳。新的科学成果显示出哺乳的重要性。除了国际大型哺乳组织“La Leche Liga”之外，还出现了很多小的哺乳团体，助产士、医生和婴儿护士也不遗余力地支持母亲哺乳。国家哺乳委员会应运而生，并通过法律禁止在产科医院发放婴儿奶粉样品。

换句话说：妈妈们必须重新认识并学会哺乳。我们的日常生活经常被安排得很满，也常常感到自己不被理解，以至于哺乳这件自然的事让妈妈们感觉困难。然而我们通过学习为宝宝哺乳，可以拉近我们与宝宝之间的距离。您需要体会为宝宝哺乳的感觉。这会使您感到适应您的宝宝并不难，您也会更好地理解他。

母乳喂养对母亲和宝宝均有好处

母乳中含有大量的营养，没有任何乳制品可以与其媲美。它是宝宝理想的食品，适合宝宝不健全的消化器官、代谢系统和营养需求，促进宝宝身体的成长。母乳可以给宝宝提供更好的保护，免受感染侵袭。此外，哺乳也对您的健康有利。宝宝的吮吸可以改变您体内的激素含量，加快子宫恢复。此外，哺乳是一种美好的体验，它可以消除您和宝宝之间的距离。

有关母乳您需要了解的事情

• 母乳的成分能充分满足宝宝的成长需求，尤其适合其不健全的器官，不会出现供应不足或过量供应的情况。母乳中的乳蛋白易消化，乳糖对宝宝的肠道非常有益，高质量的脂肪对宝宝的大脑发育起到积极的作用。

• 从第一次哺乳开始到整个哺乳期结束，母乳的成分都在发生变化。它也会在一天内，甚至在为宝宝哺乳时发生变化。在哺乳的过程中，母乳中的热量不断上升，所以母乳首先满足宝宝口渴的需求，再满足宝宝饥饿的需求。天气变热时，母乳也会随之变清淡。如果宝宝生病，母乳中可能会含有与平时相比数量高达 5 倍的抗体。

宝宝的消化器官会吸收母乳中几乎全部的营养物质。若母乳中的某些重要物质含量较少，如铁，宝宝的身体会对它“强力吸收”，这种现象在其他喂养方式中并不存在。

• 母乳的味道和气味与婴儿食品不同，变化取决于母体摄入的食物。

哺乳一旦成功，就成为母婴之间最简单的事了。

这种多样性对宝宝有帮助，也能培养他的口味。

• 长期哺乳，从第 5 个月开始，为宝宝哺乳的同时为其添加辅食可以预防过敏。

• 哺乳会预防超重：研究表明，母乳喂养的孩子与其他孩子相比发胖的概率更小——哺乳时间越长，影响越明显。

• 母乳的另一大优点是：母乳中含有针对传染病和过敏的抗体。这些抗体不仅是人类抗体，更是母亲的抗体。它们会保护宝宝免受外界危险的侵扰。

做出母乳喂养的决定

哺乳似乎是天经地义的事，尽管如此，妈妈们还是应该有意识地做出决定。在怀孕期间就应该开始为哺乳做准备，但大多数人在宝宝出生前后才最终做决定。尽管几乎每个母亲都能哺乳，但大多数母亲在喂养第一个孩子时都会怀疑自己能否成功。这与上一代人不为宝宝哺乳或家人可能无法提供必要的支持有关。您需要有人支持，并坚决地做出哺乳的决定。

如果您的妇科医生、助产士、产前课程、朋友，或专业书籍都不能帮到您，您就需要向哺乳团队（参见第29页）求助了，他们会非常愿意随时为您提供帮助。当然，宝宝出生后以及宝宝的成长过程中，您会得到很多帮助。助产士和儿科护士都能帮您消除哺乳方面的疑虑。重要的是，您在分娩之前就下定决心为宝宝哺乳，因为宝宝还未出生时您就应该开始准备为宝宝哺乳了。

在宝宝刚出生的日子里，哺乳会使生活更轻松：哺乳灵活、省钱，也不会使宝宝过胖。

宝宝的吮吸促进母乳的产生

在您怀孕时，乳房就开始为哺乳做准备了。受胎盘产生的激素的影响，乳腺组织发育出囊泡，母乳在囊泡中产生，通过乳腺导管流向乳头。促进母乳产生的催乳素会在孕期后半程活跃起来并促进囊泡中母乳的形成。宝宝的吮吸会继续激发这种激素的产生，使母乳的量适应宝宝的需要。

乳溢反射

宝宝的吸吮是一个刺激信号，会进一步激活激素：催产素。它会锁住母乳，使其聚集在囊泡周围。囊泡聚集起来，经由乳腺导管，将母乳储存在乳头后的储存库中。这样宝宝就很容易吸到母乳。您会注意到，当宝宝吮吸您的乳房时，另一侧的乳房也会有乳汁流出。

如果这种反射不能被触发，宝宝再怎么使劲也只能喝到很少的奶水。另一方面，乳房自身的重量会因缺少足够的支撑而从宝宝吮吸的嘴中滑落。

- 有时乳溢反射在一些母亲身上不起作用。哺乳很容易受到情绪的影响，它与爱相似：当您放松、注意力集中在宝宝身上，并温和地对待自己和周遭时，您会很容易成功。压力、对其他宝宝的照顾、丈夫的不理解、对奶水不足的担心、受伤或乳房发炎都会影响哺乳。

- 有些母亲则相反：她们的奶水总是流出来。这会让人感觉很不舒服，也会带走哺乳的乐趣。

- 没有足够的奶水。

- 适用于所有情况：不要立即放弃，很可能您的哺乳过程很快就会走上正轨。其他相关信息请您参照本书第 96 页的哺乳问题。

宝宝能熟练地吸吮

宝宝从出生起就有一系列的反射：

- 当宝宝贴近您，或闻到您身上的味道时，宝宝就会“寻找”乳头，然后用嘴衔住。

- 宝宝可以高效地完成复杂的吸吮动作。

- 宝宝在咽下食物的同时可以配合呼吸，完成喝奶和呼吸的动作。

尽管如此，妈妈们还会有些烦恼：有些宝宝在喝奶时常常睡着，有些宝宝会拒绝乳房。在这种情况下，只有耐心和不断的学习才能帮助您。

第一次哺乳

奶水不会在宝宝需要吮吸时自动流出。在哺乳时，奶水的多少完全由宝宝来决定，因为他的吮吸能激发奶水的形成，进而决定您身体产生的奶水量。

新生儿在出生后不久就会有吮吸的需求。如果把健康的宝宝放在妈妈的肚子上，他就会缓缓向乳头移动。宝宝能通过气味辨别出奶水的位置。宝宝在出生后的几个小时里很清醒，两三个小时之后才会感到累，接下来会睡上一两天。

催乳信号

宝宝的第一次吮吸对您的身体来说是很重要的信号，因为它会激活您体内促进奶水形成的激素。在此催产素起到双重作用：使肌上皮细胞收缩，以促进乳汁的流出，同时它还有利于子宫伤口的愈合，起到止血的作用。宝宝的第一次吮吸不仅对宝宝自身很重要，对母亲的健康也很重要。

• 吮吸一般不会一开始就奏效。为了不让宝宝着凉，您应该请助产士帮忙。助产士会给您展示最舒服的姿势，并教宝宝“抓住”乳头。

注意：初乳

初乳中含有抗体。这种珍贵的液体能在宝宝的肠道内形成一层保护膜，抵抗有害的病原体，增强肠道内益生菌的生长。

没有乳汁时——耐心

不是所有新生儿都能立刻熟练地吸吮奶水，尤其不要期望宝宝能马上喝到很多奶水。

• 有时初乳的量很小，可能只以滴的形式出现，有时什么也没有。这没关系，重要的是您要为孩子哺乳。别埋怨自己或宝宝的父亲，这时候保持平静是最重要的。

• 如果宝宝没准备好吸吮，您也不要太灰心。也许因为宝宝很累，也许因为他早产。虽然有些宝宝在出生后的一两个小时内没有吸吮的欲望，但是别担心，24 小时之后他的胃口就恢复了。

按需哺乳——我们的理想

您和宝宝建立了哺乳联系，你们之间也就建立了供给和需求的关系。

如何正确地喂宝宝

• 先让宝宝吮吸您的乳头，以促进奶水流动。

• 禁忌：用婴儿食品作为辅食，会增加宝宝过敏的风险。您可以使用 5%—10% 的葡萄糖溶液替代。

• 为了避免干扰宝宝的吮吸反射，也就是说不破坏宝宝吮吸的能力，请不要用奶瓶喂宝宝，请您使用尖口杯、勺子和滴管。

• 一旦您的奶水量正常了，就请停止一切辅助喂养。

让宝宝来决定喝多少奶水，也就是说，宝宝想喝多少奶水，您就喂他多少奶水，这就是所谓的按需喂养。最开始您可能需要每天喂宝宝 10 次左右，而且毫无规律可循，但您要相信慢慢地宝宝就会形成固定的喝奶时间。每个宝宝都不同，但一般来说在宝宝出生 3 周后就会形成 4 小时一餐的节奏。幸运的话，宝宝在 4—6 周时就会减少一次夜间喝奶的需求。

在母亲没有母乳的情况下，可以用其他方式喂宝宝吗

在宝宝出生后，母亲没有母乳的情况并不少见，尤其是第一胎。在此期间，该不该让宝宝饿肚子呢？

健康、成熟的新生儿有足够的能量和水储备。因此，您不必担心宝宝出现营养不良、低血糖、酸度过高或凝血障碍的情况。只有在极少数情况下才需要遵医嘱对宝宝进行辅助喂养。

正确哺乳——一门基础功课

在大自然给予的种种天赋中，哺乳不完全出于本能，宝宝和您都需要学习。因此，您不要对最初的失败感到不安。您和宝宝的配合需要一定的时间，这再正常不过了。利用好最初几天，找到哺乳的感觉，您可以向护士或助产士求助。

放松哺乳

哺乳时您要让自己尽量感到舒适，在医院里也是一样。

在家里您也应为自己布置一个舒适的哺乳角落，并尝试着找到最理想的哺乳姿势。根据时间和地点的不同您也可以变换姿势。

- 把电话铃声的音量调小。安装电话答录机或邮箱。
- 如果为宝宝哺乳时宝宝睡着了，您不必立即把他放到床上。您若有兴趣，就一直抱着宝宝，享受这短暂的宁静。

如果您躺着哺乳，您自己也可能会睡着。您可以把宝宝放在大床上，让他自己接着睡。不要担心，宝宝不会从床上掉下去，几周之后您才需要更小心。如果宝宝经常吵闹、易醒，您可以选择在床上为宝宝喂奶。也就是说在他“睡觉”时给他喂奶。在这种情况下您不必担心宝宝会打嗝。这么放松的哺乳后宝宝不会打嗝。

- 每次哺乳时您都要在身边放一瓶水：哺乳时或哺乳后您就应该立即喝水，因为妈妈们常常忘记喝水。

每次哺乳后休息 15 分钟。最好吃点东西：一份粗粮粥（加奶的）或水果，混合麦片或酸奶。特别适合的水果有甜瓜、梨和香蕉，它们都很清淡。

坐着哺乳

把宝宝横放在您面前，这样宝宝在喝奶时，您的肘窝可以支撑他的小脑袋。注意：姿势要放松。理想的选择是：在一个有宽扶手或胳膊下有大靠垫的舒适单人沙发上为宝宝哺乳。用脚凳抬高您的双脚会让您感觉更舒服。

盘坐着哺乳

宝宝横躺在您盘着的腿上，您的腿支撑着手。在身后放置一个靠垫或者叠着的厚毛巾，这样您不会感到很累。这个姿势适用于野餐时、在海滩上等户外场合中为宝宝哺乳。

躺着哺乳

让宝宝侧卧在您怀里，让他的头保持在您腋窝的高度，支起手肘，另一只手扶着宝宝贴住您的身体，让两个人的腹部紧贴在一起。若您想换乳头哺乳，可以翻身转到另一侧。

正确地哺乳

• 最初为宝宝哺乳时您可以寻求相关的帮助（参见第10页），不要有压力。在哺乳时有意识地放轻松，这样奶水可以更好地流出。

• 宝宝会摇晃着头去寻找乳头。您可以握着乳房，用中指和食指夹住乳头，或者用拇指按住乳头上方，另一只手在下面支撑乳房，温柔地把乳头送进宝宝的嘴里。

• 为了让乳头竖起，温柔地用乳头摩擦宝宝的嘴唇，这时宝宝会非常配合地张开嘴。如果乳头仍不能竖起，您可以在上面放上一条湿毛巾。

• 如果乳房很胀，您要事先挤出一些奶水：一只手在下方托住乳房，另一只手从鼓起的乳房周围向乳头轻抚。轻轻地按摩，首先放上一条温热的毛巾，在放置毛巾时，用中指和食指向内挤压，以便宝宝能含住它。

• 您要注意，要把乳头垂直放入宝宝的嘴中。如果乳头斜着进入宝宝的嘴中，不在舌头或口腔中间，吸吮的压力会分配不均匀，会导致您的乳头受伤，或产生撕裂般剧烈的疼痛（参阅第97页的相关建议）。试着把一根手指斜着插进自己的嘴里，然后吮吸：您就会理解，斜着的位置会对乳头尖和乳头本身都产生不规则的压力，会导致疼痛。

• 宝宝用嘴能包裹住整个乳头区域也很重要：宝宝如果只吮吸乳头，会让您产生难以想象的疼痛，也会使您敏感的皮肤受伤。

• 如果宝宝含住乳头了，您可以放开乳房——宝宝会用惊人的力量固定住乳头。

如何结束哺乳

违背宝宝的意愿将他从乳房前移开并不容易，也会让您感觉特别疼痛。因此，一定不要在宝宝停止吮吸前就将他从乳房前移开。

• 使用空闲的小拇指，在乳头和宝宝的嘴之间轻推。这样就打断了宝宝的吮吸，宝宝也会放开乳头。

• 现在您可将宝宝举起，抚摸他的背部，让他打嗝（参见第55页）。通常母乳喂养的宝宝比起用奶瓶喂养的宝宝更少出现打嗝的问题，因为他们吸入的空气更少。

喝奶：多长时间，什么时候，多久一次

• 在宝宝出生的最初几天，出于对乳头的保护，只能让宝宝在每个乳头上吸吮几分钟，但要在宝宝醒着的时候进行。让宝宝依次吮吸两个乳头，否则两侧的奶量会不协调。

• 大概从第 2 周开始，宝宝学会了喝奶，喝奶的时间也会变长，哺乳次数渐渐减少。

• 现在您可以在每次哺乳时，每7—9 分钟轮换一下乳房。一般来说，一个宝宝能在 7 分钟之内喝光一侧乳房的奶水。请您倾听宝宝吞咽的声音。每次哺乳一侧乳房不能超过 7—9 分钟，另一侧乳房能满足宝宝剩余的吮吸需要。在下次哺乳时，先用上次宝宝最后吸吮的乳房为他喂奶。

• 奶水的成分在吸吮期间会发生变化：先出来的奶水含水量高，后出来的奶水含有更多的热量。如果宝宝喝的时间过短，他就会错过有营养的奶水。在宝宝吮吸第二个乳房时，两种奶水就会中和。

• 无休止地吮吸乳房不会继续增加奶水量，因此必须要换一侧乳房，否则乳头很容易受伤。最好在 20—30 分钟后，停止为宝宝哺乳。

附加建议

妈妈们常常忘记宝宝上次最后吮吸的是哪一侧的乳房。胸罩上的小夹子能帮助您：夹子夹着的那一侧就是宝宝上次最后吮吸的乳房，下次为宝宝哺乳时您就可以从这边的乳房开始。

宝宝什么时候会感觉饱

很多哺乳的母亲会担心宝宝成长缓慢。因为用奶瓶喂养宝宝的母亲可以参照奶瓶的刻度，知道宝宝喝了多少。但乳房没有刻度，怎么办？

• 相信您的宝宝，他们一般知道自己需要多少，喝够了就会停下来，把头转向一边或满意地入睡。如果宝宝感觉饥饿，他会再次哭喊（但不是每次哭喊都代表宝宝饿了）。

• 医生在为宝宝做检查时，会告诉您宝宝体重是否符合标准，并把测量结果记入检查手册当中。在最初的几天宝宝的体重会减少，两周后会恢

复到出生时的体重。在前 3 个月您的宝宝一般会每周增重 150—200 克。请您不要总是给宝宝称体重，因为这会给您和宝宝带来不必要的压力。

• 如果宝宝偏离正常体重，您也不要过于担心，可以求助于助产士、儿科医生或哺乳团体——您可以得到很多帮助。

• 宝宝会有一段时期对母乳的需求量大增，所以您必须更频繁地为他哺乳。两天后您和宝宝都会适应这样的哺乳频率。然而小于 2—3 小时间隔的哺乳会伤害妈妈和宝宝——妈妈们都会感觉筋疲力尽，而宝宝会感觉腹痛或哭闹不停。

不可避免：喂夜奶

如果您的宝宝在夜里哭闹，您一定要为他哺乳。老一辈人尝试着用放任宝宝哭闹的方式让宝宝们学会满足，然而最终并未成功。宝宝哭是因为他感到饥饿，这时您一定要为他哺乳，如果有必要，还应该多喂几次。

• 若您的宝宝夜里一次都不醒，您不要感到不安，相反您要感到开心，因为这预示着您未来会有很多不受打扰的夜晚。

• 两到三个月后，您的宝宝从生理上已经不再需要吃夜奶了。若宝宝夜里还是时常哭闹，您——最好是您的丈夫——可以尝试着用摇篮和安抚奶嘴来安抚宝宝，以延迟下一餐的时间。

母乳喂养的宝宝需要补充液体吗

母乳不仅可以让宝宝吃饱，还因为其少盐和少蛋白，可以起到止渴的作用。欧洲所有经许可销售的奶粉也有相同的作用。如果我们读一读婴儿茶的宣传单，一定会惊奇从前没有婴

利用水和摇篮有时可以延迟宝宝下一餐的时间。爸爸们可以这样安慰他们的宝宝，直到妈妈再次有奶水。

儿茶的时候人们也能活下来。您可以想象一下：非洲的天气要比欧洲热得多，但那里并没有婴儿茶。那儿的水常常受到污染，因此茶也很危险。所以宝宝没有婴儿茶也没关系。

- 基本原则是：健康的婴儿在5个月（20周）之前都不需要喝婴儿茶。
- 在给宝宝添加辅食后，才需要给宝宝喝东西——最好喝水（参见第116页）。
- 配置好的茶包常常含有糖——请注意茶的配方。
- 草药茶含有药物成分，这可能对宝宝影响很大。因此宝宝只能少量饮用草药茶或仅当宝宝出现病痛时，如胃胀，才饮用。
- 在没有成年人的看护下，不要让宝宝用奶瓶喝奶：持续不断地用橡皮奶嘴吸奶会伤害宝宝的牙齿，即使喝的仅仅是水。因此不要让宝宝习惯用奶瓶喝水，您应该试着让他用杯子喝水。

解决哺乳中的问题

对于第一次为人父母的家长来说，在孩子刚出生的几周，哺乳过程中都会或多或少地产生一些难题。在宝宝前6周的成长过程中，许多妈妈尽管想尽力长时间地母乳喂养，但最终仍然放弃了。这种情况应归咎于哺乳中产生的各种难题。在这种情况下，妈妈需要有经验的助产士的建议或哺乳专家及相关顾问团队的帮助，才能有效地解决这些难题。妈妈们要有信心，相信许多困难都只是暂时的并且能够被克服。不要以为其他妈妈都能很容易地为孩子哺乳，更不要轻易放弃母乳喂养。母乳喂养后，到了需要给孩子断奶的时候，妈妈们通常会有一种失落感。因为当所有哺乳困难都迎刃而解，一切都出色地完成时，妈妈们会有一种由衷的幸福感。

受伤的乳头

宝宝的第一次吮吸当然会让人感到不习惯，宝宝就像一只小的食肉海鱼一样使劲地吮吸您，这会使您觉得不太舒服。但过不了几天您就会习惯，哺乳时乳头也不会再疼了。另外，如果您的宝宝只是衔住乳头或者没有正确地把乳头含在嘴里，您都应该尽快帮他纠正过来。

如果您的乳头已经被吮吸破了，短期内您还是会感觉不舒服，在开始哺乳的前几天通常会发生这种情况。您可以戴上乳头保护罩保护乳头，已经被咬破了的乳头需要更长时间才能愈合。因此，在哺乳的前几天以及几周的时间内您需要特别小心，病菌可能会通过被咬破的乳头侵入体内，从而引起乳腺感染。一旦乳头被咬破或者乳腺发生感染，妈妈们很快就没法哺乳了。在哺乳前几周过去后，虽然您的乳房在这段时间得到了锻炼，您仍需要使用如下方法对其进行保护：

- 在哺乳间隙用含水羊毛脂有规律地涂抹乳头。羊毛脂能够保养、保护乳头并有预防感染的作用。
- 在哺乳间隙，红外线照射灯的干热或者夏天 15 分钟的日光浴对乳房都非常有益。
- 让每次哺乳时剩下的最后几滴母乳留在乳头上自然变干，对受伤的乳头也有治愈效果，有利于破损的肌肤愈合。
- 每次哺乳后，把一种叫金丝桃的植物的汁液（药用）涂在乳头上可以治疗伤口。在下次哺乳前您也不需要专门把它擦掉。
- 在药用软膏的使用上您要十分小心，应先询问妇科医生。
- 使用药店销售的植物硅胶乳头保护罩可以减轻哺乳过程的疼痛。如果您的乳汁量减少，宝宝也可以通过乳头保护罩用力吮吸帮助您在几天后再次正常哺乳。
- 首先把宝宝放置在不太敏感的一侧乳房，通过这种方式可以让有破损的另一侧乳房的乳汁不受刺激地溢出，从而使母亲在孩子吮吸时在很大程度上不会再感到疼痛。
- 不要让您的宝宝在受伤或敏感一侧的乳房吮吸超过 10 分钟，尽量缩短哺乳间隔时间，增加哺乳次数。

宝宝不停地想要喝奶

尽管您看起来脸色苍白，十分疲惫，您仍然不愿承认，您的宝宝已经使您神经衰弱了。他不断地想要喝奶，您刚刚喂了一次，他安静了没多长时间就又想要喝了。

无疑有一些好动的、体质弱的或者胃口大的宝宝，他们需要比一般的宝宝吃得更多。这种情况会持续几周甚至几个月的时间。也经常会有一些不同的状况发生，这些状况大多都发生在机灵的宝宝身上。他们很早就已经知道，一旦他们哭喊，妈妈会立刻过来喂他们。也许您的宝宝一次只吃很少，没等到三四个小时后，甚至刚过了一个小时他就又呀呀地叫了起来。您可能也误解过他们的喊声，因而立即为孩子喂奶。然而您的宝宝也许只是喜欢吮吸，他需要您给他哺乳不仅仅是因为饿，也是满足吮吸的需要。有时这种情况会引起宝宝肠胃胀气。

您可以：

首先您要向儿科医生咨询，检查您的孩子是否健康，成长情况是否与当前年龄段相符，由此您便可以判断他是否是因为饿才不断地要喝奶。您应该尝试延长每餐的间隔时间。

- 您可以分散宝宝的注意力，逗他玩，唱歌给他听或者带他散步。宝宝刚开始肯定会反抗，因为在多次少量哺乳的情况下，他可能一次喝得确实很少。哺乳间隔时间越长，每次哺乳对宝宝来说就显得越来之不易，宝宝也就越安静。

- 如果有第三人，最好是您的丈夫，可以让他来帮助分散宝宝的注意力，比如可以给他一瓶水让他安静下来。

- 您也需要考虑到，这种“再教育”在实施过程中会让您承受一些烦恼，忍受宝宝的哭喊，但忍受这种煎熬比给宝宝断奶要更好。

乳汁喂养不够用

总会有一天您会有这样的想法：乳汁喂养对于宝宝来说已经不够了。您的宝宝每晚都会醒来哭喊，白天也总不安生，喝完奶也总是不满足。您猜对了，乳汁的营养对宝宝的成长来说已经不够用了。也许您的宝宝成长得足够茁壮，体重也在不断增加，但现在的他需要得更多。

不必惊慌，相信您的宝宝。他在自主调节他的需求。如果宝宝有需要，您就更频繁地给他哺乳，即使在夜里也同样如此。两三天后，您的内分泌系统就理解了这种信号，乳汁产生的量更充足了，您的宝宝也找到了他的节奏。

● 如果您想在任何情况下都能为宝宝充足地哺乳，那么确定每天的乳汁量就极有必要。您可以通过宝宝的体重很容易地确定乳汁量：在24小时内的每次哺乳前后都把宝宝放在体重秤上，把每次的体重差相加，您就可以得出宝宝所饮乳汁总量（参见第84页）。如果您的宝宝吃得太少，儿科医生就会建议您采取一些措施。这种情况极有可能是因为您喂养得根本不正确或者是您没有补充足够的奶水。

● 导致乳汁量少的原因有很多：过量的体力劳动，家中其他孩子带来的压力，不能适应新状况，苦恼太多以及持续的担忧——这些情况都会使乳汁减少。可能您已经充分地了解了自身的问题所在，您可以和丈夫、母亲、朋友或者其他您信赖的人探讨这件事，尝试找到一种能使自己平静下来的方法。您需要耐心地处理很多与哺乳相关的事情，时间也许会长达两到三个月，直至可以为宝宝添加辅食。

● 您应该和宝宝一起在床上安静地躺上一天，平心静气地专注于宝宝，对外界的一切置之不理。这样您会发现：经过24小时之后，您又重新有了充足的乳汁。

● 有很多饮品和菜肴可以影响乳汁量（参见第101—103页）。总之，充足的营养和大量流质食物的补充都十分必要。如果您能足够重视这两方面，将十分有利于乳汁的形成。

● 经历了长时间哺乳期您或许感到身心紧张，加之也许您原本就不愿意继续为宝宝哺乳，于是开始考虑是否要用奶瓶来喂养孩子，但情况不该如此。您要清楚地知道，这会使断奶阶段提前到来。

有关乳汁保存

● 当您不得不上班，或者您或宝宝要去医院看病时，您需要提前挤出母乳，并把它们保存起来，需要的时候再拿出来喂给孩子。如果宝宝恰好生病了，母乳会对他产生非常好的作用，可帮助他快速地恢复健康。您需要把母乳挤出来，然后用奶瓶喂孩子。您可以在药店或者卫生护理用品店租用电动吸奶器。

请您和宝宝卧床休息一天，这有利于您正常分泌乳汁。

• 助产士或者同样在哺乳期的妈妈都可以给您展示使用吸奶器的正确方法。

• 如果您只需挤出少量乳汁，一个简单的手动吸奶器就足够了。您可以在药店购买手动吸奶器。

• 在宝宝刚出生一天后乳房膨胀变硬，以致宝宝不能正确地含住乳房时，手动吸奶器可有效改善这种乳汁瘀积的情况，可以帮助宝宝有效吸吮。

• 其实适用于哺乳的规则同样适用于吸奶过程。不过由于缺少生物信号刺激，乳汁的流动通常会更慢。

• 您至少要每3—4小时就使用吸奶器吸一次奶，并且两个乳房都要吸到。如果吸得太少，乳汁就会回流。

如何持久保存乳汁

• 由于乳汁的抗菌性，尽管经过较长时间它仍可饮用。乳汁被吸出后可以在4℃的冰箱中保存24小时而不变质。

• 被吸出的多余的乳汁可以在超低温状态下保持8个星期不变质。必须把吸出的乳汁立马倒进清洗消毒过的玻璃制瓶子中，并用盖子盖严，接着还需要在瓶子上贴上标签，记上日期。新型的吸奶器会附带小的塑料袋，您可以把乳汁一份份地装好，一同放在小袋子里冷冻起来。

• 需要喂宝宝的时候就从冰箱里拿出一份解冻，然后在蒸锅里加热到适宜哺喂的温度。切忌将母乳直接用炉火加热，这样会破坏其中的营养成

附加建议

当您有重要约会不能带着宝宝或者由于其他原因不得不用奶瓶来哺乳时，您都可以提前把乳汁挤出来保存。

分。解冻后的母乳不能再次冷冻。使用奶瓶喂养的注意事项详见第 111—119 页。

注意：

储存乳汁的容器和吸奶器在使用后都需要清洗和消毒。

有关哺乳的建议

哺乳是一项耗费体力的工作。您的宝宝每天需要的乳汁量在哺乳初期最多会消耗您 600 千卡(约 2512 千焦)的热量，在哺乳后期消耗的热量会减少。与此同时，您的身体对众多营养素的需求还会持续增加。因此，这个时期最重要的是：吃得更好！您怀孕时增加的体重会在宝宝出生后的几个月里成功减掉，您的身体也为哺乳做好了准备。但您不应过度减肥，这样可能会使您的乳汁回流。此外，脂肪组织在分解期间会释放出有害物质并进入母乳中。幸运的是，之前宝宝在您肚子里产生的新陈代谢的负荷已经没有了，但化妆品的残留物越来越多地留在了身体里。因此，如果想让孩子身上的气味是纯净的，您需要克制化妆品香气的诱惑。

正确地饮食

您仍然需要像怀孕时一样多吃奶制营养品。另外您现在还需要补充其他营养成分。您吃的所有东西都会逐渐转化成乳汁，营养不均衡经常会引起乳汁营养的匮乏。您必须有规律地摄入充足的维生素。矿物质也会充分地转化成乳汁，然而在不得已时会消耗母亲的储备营养。您摄入的营养越全面，您的孩子就越能接受多种多样的口味。因为您摄入的不同食物都会进而影响乳汁的口感。

哺乳期的菜单

- 您需要多吃各类谷物，比如粗粮。粗粮含有多种 B 族维生素，并且不会产生对宝宝有害的刺激物质。粗粮还可以促进乳汁的形成。燕麦、黄米、大米、大麦，这些都是非常温和的食物。食用时您需要认真咀嚼，以免肠胃胀气。

• 您每天需要饮用一升左右的牛奶或者食用等量的乳制品。如果您的宝宝患有过敏性湿疹，您可以尝试饮用酸奶，因为乳酸菌可以分解牛奶中的乳糖，使对乳糖过敏的人不再发生过敏反应。不得已时您也可以转而饮用豆浆，把钙片当作药物来服用。

• 请您每天至少食用三种蔬菜：蔬菜中的维生素、矿物质和生物活性物质含量要高于其他任何食物。敏感的宝宝可能会对圆白菜类和洋葱类蔬菜产生胃肠胀气的反应，比如皱叶卷心菜、紫甘蓝、绿甘蓝、洋葱或大蒜。但是您不必一开始就避开这些蔬菜，

从无到有：大量的流质食品、全麦、性温的蔬菜水果、奶制品、坚果和果仁都有益于母乳喂养。

因为绝大多数的宝宝都不会产生不良反应。

• 由于土豆易消化且维生素 C 含量高，蛋白质营养价值高，因而对哺乳期的妈妈特别有价值。

• 水果和果汁能够提供维生素 C 以及 β - 胡萝卜素，但是果酸可能会对敏感宝宝的皮肤产生刺激。属性温和的水果有苹果、香蕉、梨、蓝莓、黑莓、芒果、甜瓜、油桃、樱桃、葡萄。新鲜的橙子由于叶酸含量高对身体是有益的，但可能会对宝宝产生刺激。

• 有规律地摄入肉食首先可以改善您的心情，因为缺铁会导致精神紧张和疲惫感。胎儿在体内储存的铁能够满足婴儿出生后 6 个月的需要。素食主义者应该食用大量的坚果和果仁，特别是芝麻，还需要多吃粗粮以及富含维生素 C 的水果和蔬菜。

• 每周吃两次海鱼或者使用碘盐烹饪都可以为母亲提供充足的碘。碘的摄入可以预防甲状腺肿大。需要注意的是，新生儿也可能会患上甲状腺疾病。

• 与平时相比，您此时可以摄入更多的油脂，但必须是正确类型的油

脂，比如富含 ω-3 脂肪酸的油，最好是菜籽油,也可以是核桃油。富含 ω-3 脂肪酸的黄油是最理想的。新鲜的坚果也含有很多有益的油脂。

适合哺乳期的饮品

乳汁不仅给宝宝提供了热量和营养元素，还提供了充足的水分。

因此，您每天应该摄入总计 2—3 升的液体。人们通常会忽视喝水这件事：您最好在每次哺乳时都准备一杯饮品。这样，消耗的液体可以马上被补充回来。

- 含咖啡因的饮品、酸柠檬水以及富含果酸的果汁对您和宝宝都有很大好处。

- 饮品推荐:牛奶、脱脂乳、酸奶、水、草药煎汁（比如药店销售的催乳方剂）、牛奶麦芽咖啡、无酒精啤酒。

您的饮食会影响宝宝

您摄入的食物成分都会出现在乳汁中。这是有益的，可以帮助宝宝自如地应对以后食物的多样性。在没有明确医疗诊断的情况下不要调整食谱，这样可能会导致营养摄入不全面。如果宝宝有伤口或者有肠胃胀气的现象，您可以通过逐一减少食物来查明原因。在持续两到三天没有食用某种食物后，观察宝宝的健康状况是否好转。如果担心过敏反应，您该如何做呢？实际上，可能的过敏原都会通过血液进入母乳中。但即使您本身来自过敏体质的家庭，在医学上您也没有必要按照特定的食谱来饮食。若您的孩子有了过敏症状并且在专业医师处通过检查确定了过敏反应，您就应该避免食用导致宝宝过敏的食物。此外，您还需要去营养专家处进行咨询，避免出现营养元素缺失的状况。

富含矿物质的水

您对矿物质的需求增加了，因此您需要饮用每升含矿物质超过 1500 毫克的水：镁＞50 毫克/升，钙＞150 毫克/升，氟化物＞1 毫克/升。含碳酸氢盐的矿泉水（每升超过 600 毫克）也是可以饮用的，这种矿泉水几乎不含碳酸。您的饮品中也可以包含类似茶的热饮。

哺乳和咖啡因

过度疲劳的人可以通过喝红茶、咖啡或者可乐使自己重新变得精力充沛，然而遗憾的是咖啡因会逐渐转化到母乳中。经过100小时还是会有一半的咖啡因存留在血液里，然后积聚在下次转化的乳汁中。结果导致宝宝睡不着，妈妈也睡不着了，然后妈妈又需要来一杯威力更强的浓咖啡。您可以通过饮用不含咖啡因的饮品以及保证足够的睡眠来打破这样的恶性循环。总之，要警惕咖啡带来的影响。您的身体需要3—5小时来逐渐消除咖啡的副作用，宝宝则需要3天。如果要喝咖啡，最好在刚哺乳后并且不超过3杯。

母乳中的药物

哺乳期中的妈妈可能会患病，需要服用药物以缓解病情。许多药物都可能会通过乳汁进入宝宝体内，但不一定会给宝宝的健康带来危害。因此，您头疼的时候也大可放心地用药。进入母乳中的少量药物通常不会对宝宝产生伤害。您甚至还会发现发烧的宝宝在药物的影响下竟然好了。但如此恰到好处的情况毕竟少见。从乳汁中排出药物数量的多少以及它们是否有害取决于这些药物的化学性质。医生可以准确地针对每种药物进行相应情况的说明。

- 如果医生给您开了抗生素，您需要询问他此药是否会对宝宝有害。通常情况下医生从一开始就会为您选择适宜哺乳期服用的药物。

- 从原则上来说，几乎每种类型的药物（抗生素、循环系统用药、止痛药等）都有一种或多种具有相同药效的药剂是专门为哺乳期母亲提供的，以避免服药期间影响哺乳。哺乳期母亲应慎重选择安全的药物，且应在医生的指导下用药。

吸烟与哺乳

在德国有30%的孕妇吸烟，而在日本这项数字只有2%。您一定早就知道吸烟无论对出生前的宝宝还是对出生后的宝宝都会产生伤害。但只有少数女性吸烟者能在怀孕期间或者哺乳期间成功戒烟，未能戒烟的女性大多都不敢哺乳。但这样做其实是错误的！

无论如何，母乳喂养总比其他喂养方式更好。您更该尝试控制烟瘾。

做出让步：

- 您要尽量把每天的吸烟量控制在 5 支以内。
- 刚哺乳后吸烟，这样在下次哺乳之前尼古丁可以被分解掉一部分，您的宝宝也可以少吸些烟。
- 不可以在宝宝面前吸烟，因为二手烟会对宝宝的支气管产生伤害。
- 也许您可以把最后的 5 支烟也丢掉。

饮酒与哺乳

怀孕期间即使有规律地喝酒也会对宝宝产生伤害，在哺乳期酒精同样会被宝宝摄入。宝宝还很难消化酒精，也就是说酒精会对宝宝的新陈代谢产生不利影响。因此您应该像在怀孕期一样自制。浓度高的酒精在任何情况下都是禁忌。

- 您千万不要因为小醉怡人这种话就真的小酌一杯。以前人们建议喝少量的酒让人放松，从而使乳汁更容易产生，但其实通过呼吸、瑜伽或者音乐来放松更有效。
- 如果您在一些特定场合仍需喝一杯红酒或者香槟的话，那么最好在每次哺乳间隔期或者直接在刚哺乳后喝：在喝完酒的 30—60 分钟内，母乳中的酒精量会上升到和血液中酒精量相同的水平。那么，到下一次哺乳时，至少部分酒精可以被代谢掉。您也可以用矿泉水或果汁把酒稀释以减少酒精含量。
- 无酒精啤酒是一个好的替代品，特别是小麦啤酒，还能促进母乳的形成。无酒精的鸡尾酒虽然热量高，但无害。

断奶

关于何时断奶许多妈妈会听到各种不同的声音：哺乳到底要持续多长时间？一整年，还是宝宝长牙了就停止哺乳？德语中“婴儿”这个词来源于动词“哺乳”。一直到五六个月大的时候婴儿都只能通过吮吸获得营养。如果在宝宝3个月大的时候您想尝试用勺子喂他，一般情况下您也需要把面糊一类的食物抿到宝宝嘴里。

在宝宝5个月（20周）大的时候开始用勺子给宝宝喂食要比宝宝6个月大的时候开始喂食更好。您的宝宝会先伸出小嘴从勺子里吮吸食物，之后才能掌握进食、咀嚼和吞咽食物的能力。您可以在两次母乳喂养之间用米糊替代一餐，慢慢地您的宝宝很容易就能断奶了。通常宝宝在10—12个月就能断奶了，随后就可以从杯子里直接喝水。

优点：您不需要使用奶瓶或奶嘴，您的宝宝也完全不用去适应橡胶奶嘴。

母乳对宝宝肠功能和新陈代谢功能以及预防感染的能力会产生有利的影响，这种影响可以一直持续五六个月，直到宝宝开始断奶。原则上来说，宝宝是享受每一天的哺乳的。同时，母乳对宝宝的健康有很大好处。

怎样给宝宝断奶

- 您要从宝宝的一餐开始调整，可以选择在您乳汁较少的时候进行。首先要让您的宝宝用瓶子或者勺子喝奶，然后再让他从乳房直接喝。这样，他只需要喝很少的母乳，您的乳汁分泌量也会慢慢减少。
- 断奶时需要喂宝宝什么食物以及喂多少详见本书第126页。您大约需要5—7天的时间来让宝宝一天中的一餐完全不用喝母乳。
- 然后，在剩下的几餐中您同样要循序渐进地给宝宝断掉母乳。宝宝在大约3个月内可以彻底断奶。

有助于断奶的措施

下面这些措施可以减少乳房不必要的不适感：

- 减少汤水的摄入。当然您不可以再喝催乳茶了，可以喝点鼠尾草沏的茶，这样做有利于减少乳汁分泌。
- 断奶时要穿稍紧一点的胸罩并把肩带拉紧。
- 如果您的乳房有胀痛感，您可以把医用纱布裹在胸部，这样也可以预防感染：把涂有低脂凝胶（室温的）的医用纱布裹在胸上，再用一块毛巾覆盖上，让它作用半小时后用清水洗净。

- 在断奶期间不要用吸奶器吸奶，否则又会刺激乳汁形成。

- 含激素的断奶药可以显著地缩短断奶过程，但如果您不用断奶药便能应付得了是最好的。

注意：

有时候您需要快速断奶，生病或者紧急出行会迫使您在几天内彻底给宝宝断奶。此时您不得不让医生给您开断奶药，以便迅速回奶避免乳汁堵塞乳腺，产生疼痛以及引发乳腺炎，但这种方法可能会使循环系统的负担过重。

宝宝不愿意断奶怎么办

有些经历断奶期的宝宝会像小狮子一样急着要母亲为他哺乳，就是不肯用奶瓶。有一些妈妈遇到这种情况就不断地放弃断奶计划。

- 尝试用勺子喂养会有效果，但需要有耐心。让爸爸或者其他宝宝信赖的人来喂通常会更容易，因为宝宝接触不到乳房。您会惊讶地发现，您的宝宝能够很快适应新情况。

您需要清楚的一点：宝宝越大就越不容易断奶。如果宝宝十个多月大还没有断奶，那么很可能接下来的两年都需要妈妈来哺乳。研究表明，这对您的身材有好处，但宝宝在这个时期完全可以不用母乳喂养。

给爸爸们的特别建议

您的妻子如果没有您的帮助很难给宝宝断奶。延长哺乳间隔时间（特别是在夜里的哺乳）的过程中，如果您的妻子总是用空话来敷衍，那么，她完全不适合给宝宝断奶。宝宝会想要妈妈喂他母乳。在这种情况下，如果您能体贴地承担这个任务，您的妻子会轻松很多。爸爸用奶瓶喂宝宝会让宝宝更乐于接受，但前提是您一定不能催着断奶。断奶还是需要妈妈们自主决定。用奶瓶或勺子喂养宝宝的过程就是体现夫妻关系平等的第一步。

有很多情况会使您不得不使用奶瓶给宝宝喂奶。也许因为您需要回到工作岗位，也许因为您生病了或者由于家庭压力导致乳汁不足，抑或您想要在一段哺乳期之后休息几个月。

对哺乳感到筋疲力尽，不能很好地处理哺乳中出现的问题或者想顾及一下自己，都可能促使您开始用其他替代品来喂养宝宝。

其他喂养方式：婴儿食品

可以确定的是：用奶粉喂养的宝宝也能很好地成长。但前提是，您需要给宝宝提供相应年龄段所需要的营养并且给宝宝充足的抚摸。

尽管如此，我们还是建议优先选择母乳喂养。然而如果没有办法为宝宝进行母乳喂养，奶粉也可以让他健康成长并且还能减少母亲的负担。奶粉营养的搭配越来越科学，在这一领域的研究也越来越深入。用奶粉喂养的孩子并不比母乳喂养的孩子成长得差。但在各种各样的奶粉中选择合适的却不太容易，除非您对它们的区别很了解。在本章您可以了解到您的宝宝适合什么样的食物，您需要怎样为宝宝准备以及如何喂养。刚开始宝宝会拒绝奶瓶，因此您需要花更多的时间，最好能创造出一种舒适的氛围，毕竟喂养的意义要远远大于喂饱宝宝。

奶粉类别

纯牛奶由于含有太多蛋白质和矿物质是不适合宝宝的，并且里面的不饱和脂肪酸含量太少。所以婴儿在6个月之前还不能喝纯牛奶。等婴儿过了半岁后可以在他晚餐的米糊里添加牛奶，牛奶可以给宝宝提供这个阶段所需要的充足的蛋白质。如果您想自己为宝宝准备奶粉，可以在本书中得到相应的指导和配方。通常情况下市面上的奶粉也是以牛奶为原料制成的，营养元素的含量通常也和母乳大致相似。

附加建议

用初生段奶粉喂养的宝宝即使被过度喂养，宝宝营养过剩的风险也比用其他奶粉喂养要小：这类奶粉最适合“按需喂养”。也就是说，宝宝需要多少您就喂多少，他也不会长胖。如果您从一开始就用奶瓶喂宝宝的话，初生段奶粉是理想的选择。

不同名称的奶粉

自1992年以来，欧盟国家对奶粉实行如下划分规则：

- 新生儿奶粉对于刚出生的宝宝来说最适合。若它完全是以牛奶为原料制成的就被称作新生儿奶粉。也有些新生儿食品以大豆蛋白为原料，为了不让妈妈们混淆，我们不把这类食品称为奶粉。在婴儿1周岁以内都可以食用这两种婴儿食品。新生儿奶粉有两个不同的种类，一种是初生段婴儿奶粉，它与母乳一样，所含的碳水化合物由乳糖产生。这类产品除乳糖外还含有淀粉。另一种新生儿奶粉蛋白质含量与母乳中蛋白质含量相近，人们称之为改良食品。

- 仿母乳奶粉或者只含牛奶蛋白的仿母乳牛奶常被分成1段和2段。理论上宝宝4个月以后可以食用此类奶粉，但通常不到5个月（20周）大的宝宝都不推荐此类奶粉，因为它们的蛋白质含量超出宝宝所需。建议还是继续使用新生儿奶粉。

水温

宝宝4个月大之前都非常敏感。您需要把水煮开，然后晾到微温。

测量奶粉

用计量勺准确测量奶粉的量。实验证明，如果奶粉的量计算错误，那么宝宝可能会被喂得过饱。因此，准确性很重要！

将奶粉与水放入奶瓶

水微温之后，把奶粉和水放入奶瓶，再把奶瓶拧紧。

将奶粉与水混合

摇晃奶瓶，直到不再产生太多泡沫为止。检查水温，也许奶瓶还需要在冷水里冷却。最后，拧上奶嘴，完成。

- 低致敏性的奶粉也被称作抗过敏奶粉，使用这类奶粉需要经过儿科医生的同意。这类奶粉将引起过敏反应的蛋白成分降到了初始含量的百分之一，适用于家庭有过敏史并且没有用母乳喂养的宝宝。这些宝宝可以从一出生便食用抗过敏奶粉来预防早期婴儿过敏性疾病。

抗过敏奶粉有不同类型，然而它们并不是完全不会产生任何问题的。此外，它们绝不适合对已经出现的过敏反应进行治疗。

- 抗过敏奶粉只能分解一部分过敏原，此外，还有部分水解配方奶粉将蛋白质分子分解的程度更高，但它们价格很高，口味很难被接受，主要适用于患有严重胃肠功能障碍或者严重过敏的宝宝。此类奶粉的使用也需要遵医嘱。

- 特殊配方奶粉以及治腹泻奶粉不能持续使用，只能在宝宝有消化问题的情况下在医生的指导下食用。

- 根据医生建议，在孩子无法适应奶粉的情况下，可选用不含牛奶的婴儿食品替代。

坚持使用同种类型的奶粉

如果您找到了一种很适合宝宝的奶粉，就应该坚持使用。因为更换奶粉会使宝宝敏感的消化系统产生负担并且产生胃肠胀气。

- 不要给宝宝逐一尝试您所能买到的各种类型的奶粉。您需要提前跟儿科医生讨论哪种奶粉更适合自己的宝宝。

- 即使在奶粉包装上都标注了适应的年龄段，您也不必从初生段奶粉，经仿母乳 1 段奶粉，然后再过渡到仿母乳 2 段奶粉。仿母乳奶粉没有太多优点：它最初是按照世界卫生组织的意愿为贫穷国家生产的，因为相比较来说这种奶粉的生产成本明显更低。

不可以让宝宝自己使用奶瓶

婴儿用品和卫生

围绕着奶粉产生了很多类别的婴儿用品：各种款式的奶瓶、各种型号的奶嘴、奶瓶加热器、消毒器等。并非所有东西都是必需的，有一些并不实用且不合乎卫生标准。本书第 263 页为您列了一张必备用品的清单。您可以根据需要购买。

如何选择奶瓶

婴儿奶瓶根据原材料可以分为耐高温玻璃奶瓶与塑料奶瓶。

- 有些塑料奶瓶在试验中会释放出有害物质。因此，自 2011 年 6 月起，欧盟国家规定塑料奶瓶不允许再含有双酚 A 这种成分。尽管如此，塑料奶瓶还是存在一些缺点：它的导热性不好，会掩盖奶粉的真实温度，因此总是需要挤出几滴到手腕处试温度。此外，由于塑料奶瓶的材质轻，会导致宝宝持续不断地吸吮。另外，瓶身弯曲的奶瓶还很难清洗。

- 玻璃奶瓶装饰少，易碎，较重，

但使用起来不复杂并且不含有害物质。

所有奶瓶都配有一个自封奶瓶盖以及一个奶瓶旋盖。奶瓶盖可密封奶嘴口，使奶瓶在携带中保持干净，防止奶液流出。

一些奶瓶生产商同时给奶瓶配备了一个小的塑料漏斗，使得向奶瓶里倒奶粉更容易。

有关奶嘴的问题

奶瓶奶嘴以及安抚奶嘴是由棕色的天然橡胶或透明的硅胶制成的。

- 橡胶奶嘴在使用一段时间后需要更换，因为它会老化变黏，偶尔还会使宝宝产生过敏反应。
- 硅胶奶嘴寿命长并且易清洗，但硅胶的弹性不足，一旦表面有破损，会很容易撕裂。在宝宝长牙后就必须注意一些安全问题，小心破损的碎屑被宝宝吞进肚子里。
- 奶嘴在首次使用前必须要经沸水消毒10分钟以上。

奶嘴的种类

奶嘴有两种基本类型，科学家们还在探讨不同类型奶嘴的优缺点。

- 仿真奶嘴有母亲乳头的柔软触感，适用于新生儿。
- 另一种奶嘴是适合断奶后宝宝的安抚奶嘴。

奶嘴型号与大小

奶嘴与奶嘴之间是有差别的，开孔的大小影响奶水的流量，妈妈在选择时应予以考虑。

- 茶或者果汁如果较稀，需要小孔奶嘴。婴儿奶粉（特别是黏稠的仿母乳奶粉）或者黏稠的米糊类食物则需要大孔（十字孔）奶嘴。

根据奶粉种类您需要不同的奶嘴型号（奶粉外包装上会标明），否则宝宝容易呛到或者吮吸得费力（详见第118页）。

- 防胀气奶嘴在奶嘴上安置了一个微小进气孔，当宝宝吮吸奶嘴时，空气可通过进气孔进入奶瓶。进气孔可以防止奶嘴受挤压变形，减少宝宝胀气引起的绞痛。
- 此外奶嘴还根据宝宝年龄设计有不同的大小。0—6个月大的宝宝需要用小号，6—18个月大的宝宝需要用大号，对于特别小的宝宝有特别

是否使用安抚奶嘴

安抚奶嘴几乎是每个小婴儿的必备品。然而安抚奶嘴对孩子是好是坏，这始终是一个引人争论的问题。一些由橡胶软塞制成的安抚奶嘴含有害物质，并且安抚奶嘴的使用不利于宝宝下颌的发育。在购买时，您需要注意选择材质安全的产品，同时还需要向有经验的消费者询问或者在商品生态测试机构的网站上查询。也许网站上客观列举的对安抚奶嘴的看法可以帮助您做出正确选择。

赞同观点：

- 只要看到宝宝想睡而烦躁不安时，塞入奶嘴宝宝就安静下来微笑入睡，任何父母都会为安抚奶嘴鼓掌。
- 婴儿需要满足吮吸反射才会有安全感。
- 对于非母乳喂养的宝宝来说，安抚奶嘴要比橡胶奶嘴更有利于他们下颌的发育。
- 使用安抚奶嘴能使父母们在宝宝哭泣不安时不那么无助。
- 两周岁的宝宝最好中止使用安抚奶嘴，除非孩子吮吸手指才用奶嘴暂时替代。

反对观点：

- 安抚奶嘴容易因碰到脏东西或掉到地上以及很少消毒而变得不卫生。
- 父母一听到宝宝哭或者累了就塞给他奶嘴让他闭嘴会影响宝宝的发育。
- 母乳喂养是最好的矫正下颌问题的方法。
- 常用安抚奶嘴容易使宝宝形成习惯和依赖性，而且不容易戒掉。如果一个 5 岁的孩子还含着安抚奶嘴会让人觉得很奇怪。

型号的奶嘴，因为普通型号的奶嘴对于几周的宝宝来说太大了。

保持绝对的干净卫生

宝宝在刚出生几个月的时候对病菌的抵抗力很低，这时候卫生保健就极为重要。不过，家中常见的细菌可以提高孩子的抵抗力。

您最好将奶瓶和奶嘴保存在食橱的格层中，通常会有专门供奶瓶及奶嘴存放的格层。您也可以把奶瓶敞口倒放在一块干净的熨烫过的厨用清洁布上，再把奶嘴存放在一个密封的大口瓶中。此外也不要忘记给奶瓶配备的清洁用品（比如刷子、消毒器等）找到合适的放置的位置。但需注意这些清洁用品是专门搭配婴儿用品来使用的。

奶瓶与奶嘴的清洁

- 将奶瓶与奶嘴放进添加了清洗剂的水中彻底清洗：针对两者分别配有专门的奶瓶刷和奶嘴刷。
- 如果奶瓶上有顽固污渍，您可以撒上少量盐，再通过擦拭将污渍去掉。
- 最后需要用水彻底将奶瓶冲净。

注意：

安抚奶嘴在宝宝4个月大之前也需要定时进行清洁和消毒。可以先用奶瓶清洁剂清洗，再用流水冲洗干净。

消毒：煮沸消毒法和蒸汽锅消毒法

在宝宝4个月大以前，在彻底清洗奶瓶、奶嘴后，还需要对其进行消毒。将洗涤机设置到65℃就足够了。消毒过程不需要化学品，只需要绝对的高温及洗涤液。

- 煮沸消毒法：将奶瓶、奶嘴和水一起放入锅中，盖上锅盖，开火，水开后煮5分钟左右。之后，用消过毒的奶瓶夹将所有用具取出，并放置在干净的清洁布上沥干，最后放入专门的食橱格层中。针对奶瓶消毒有专用锅。
- 如果使用高压锅会更节约时间，只要加入充足的水，但这种消毒方法不适合塑料奶瓶。
- 最简单的方法是使用专门的蒸汽消毒机，将清洗过的奶瓶数量控制在消毒锅可容纳的限度内一起进行消毒工作。带自动控制装置的机器是特

别实用的，不过价格也偏贵，二手的也可以考虑。

- 还有一种微波蒸汽消毒机也十分快捷实用：消毒过程只需 7 分钟。这种消毒机的大小有三种，分别可以一次对 2 个、3 个或 6 个奶瓶进行消毒。

按配方烹制食物

每种婴儿食品包装上都会有使用说明，您需要严格遵守说明。最好的方法是把包装上的说明剪下来，贴在放置奶瓶的橱柜门上。

注意：

不要像调酒一样摇晃奶瓶，这样会产生太多气泡，引起宝宝胃肠胀气。您可以每次半圈摇晃奶瓶两到三次，或者用勺子搅拌。

- 在使用奶瓶之前必须要用水和肥皂彻底清洗双手。
- 不论用自来水还是矿泉水冲奶粉，都必须要将水煮开。
- 研究显示，计量勺的计量在许多情况下都会超出需要量，使得奶瓶中倒入过量奶粉，结果导致奶粉冲得太浓。这会给宝宝的肾增加负担，宝宝会增加对液体的需求，最后导致过度喂食。这是因为父母每次用计量勺舀的奶粉都过满，最好用刀背刮掉一些。
- 奶粉需要现冲。决不允许提前冲调好放在一边备用或是把剩下的加热再食用。
- 如果您的宝宝没有喝光奶瓶中的奶，您需要把剩下的倒掉。

什么水适合冲奶粉？

- 基本原则：冲奶粉的水必须新鲜，在使用前不加盖持续煮沸 1—2 分钟，可以使用电水壶。
- 如果自来水中的硝酸盐含量低于每升 50 毫克（最好 20 毫克）的话，您也可以使用自来水。您可以在自来水公司（水费账单上有公司地址）或者地方消费咨询处对此进行询问。
- 如果您的家里有旧的铅管自来水管道或者新安装了铜制自来水管道，您就需要使用矿泉水代替自来水冲奶粉。

适合宝宝的矿泉水

用于冲调奶粉的水中各种物质的每升含量最高值分别是：钠 20 毫克，硝酸盐 10 毫克，亚硝酸盐 0.02 毫克，氟化物 0.7 毫克，硫酸盐 240 毫克，锰 0.05 毫克，砷 0.005 毫克。德国消费品审查机关 2005 年发行的儿童年刊中有对奶粉用水的说明。

- 在使用自来水时，尽量在水流了一分钟之后再取水。
- 普通的自来水过滤器并不能过滤出对宝宝有害的物质，只能滤出杀虫剂或者水中所含的氯、铜以及铅。

附加建议

您可以把烧开的自来水或矿泉水倒进干净的保温壶里存放，这样在夜里或路上可以快速地冲好奶粉。

如果过滤器不起作用了，反而还会将滤出的有害物质重新释放出来。但我们用肉眼并不能有效判断，只能通过过滤器的使用寿命来估计。此外，过滤器还有可能会使水中的病菌增多。因此，您需要避免使用过滤器滤出的水给宝宝冲奶。

- 矿泉水可以非常安全地替代自来水。

学习如何喂奶

在喝奶的过程中，宝宝不仅有饱腹感，还可以感受到您带给他的亲近、温暖与安全感。在宝宝刚出生的几个月，您与宝宝相互一致的舒适感是您与宝宝建立良好关系的基础。您可以通过与新生儿的“喂养距离”很清晰地感受到您与宝宝的亲密关系。

如果您用奶瓶喂孩子，则需要选定适合的环境。您需要花费一定的时间，不能催促宝宝喝奶。请不要为了让宝宝自主喝奶，用枕头和绒毛玩具做奶瓶架。尽量给宝宝创造与他一起相处的二人世界，并且多与他进行身体接触。

当然，如果爸爸可以承担一部分喂养的工作就再好不过了。这样宝宝

对宝宝而言，肌肤接触始终特别重要，不仅仅是在哺乳的过程中。

可以更好地适应与不同的人相处。但需要注意的是，不要总给孩子换保姆，这对宝宝的成长不利。

怎样正确地喂养

毛衣或者材质较硬的衣服会对宝宝脆弱的皮肤产生伤害，因此在喂奶时请尽量裸着胳膊抱住宝宝。您与宝宝的皮肤接触得越多，他就越有安全感，成长得也越好。

1. 您需要放松地坐着，在胳膊下垫个枕头，让宝宝倚靠在上面。托起宝宝的头枕到与您的胸部齐高的臂弯处。宝宝的头部要抬得略高些，整个身体呈倾斜状会使吞咽更容易。

2. 将奶嘴放到宝宝贴着您胸口的一侧脸颊处，这样会刺激宝宝产生反射自觉寻找奶嘴。

3. 把奶嘴送进宝宝的嘴里。您需要注意不要让宝宝吸进空气，要保持奶嘴始终有奶液。

4. 如果宝宝吸得太用力使奶嘴变形的话，您需要把奶瓶拿开。这时候您可能要把小拇指伸进宝宝嘴里让他吮吸，等到奶嘴里的空气重新填满之后再接着为宝宝喂奶。

5. 和母乳喂养一样，宝宝在喝完奶之后会打嗝，也许在喝奶过程中也会打嗝。

合适的温度

从乳房直接流出的母乳总是保持着合适的喂养温度和速度，但用奶瓶喂养时您需要特别注意这两方面问题。

- 喂给婴儿的奶液温度应该与体温差不多，但在塑料奶瓶外很难准确地感觉到奶液的真正温度。因此，您需要滴几滴奶在手腕内侧来测试温度。手腕觉得不烫就可以喂给婴儿了。

- 奶凉了怎么办？原则上可以用微波炉为奶重新加热。某些担忧经过调查研究都是没有理论基础的。在加热过程中，要始终敞开奶瓶盖子。玻璃或塑料材质的勺子、搅拌棒都可以用来搅拌正在加热的奶液，以免加热不均匀。在 600 瓦特的功率下持续加热 1—2 分钟就足够了。

注意：

再次加热后要彻底搅拌奶液并且重新试温，因为微波炉里的温度并不总是稳定的。此外，并不是所有塑料奶瓶和奶嘴都适合在微波炉中加热。

适宜的喂奶速度

奶液的流速取决于出奶孔的大小：如果出奶孔太小，宝宝吃得太慢；如果出奶孔太大，宝宝容易一次吞进太多奶而呛到。出奶孔大小合适与否取决于奶的浓度。既用奶粉又用母乳喂养的宝宝还会有另外一个问题：用奶瓶吸奶后，他们在吸母乳的时候往往不会使劲了。

- 您需要在喂奶或米糊等不同食物的时候使用不同大小出奶孔的奶嘴。

- 如果倒置奶瓶奶的流速是每秒 1 到 2 滴的话，这样的出奶孔是最理想的。

- 若一些橡胶奶头的出奶孔过小，您可以用一根烧热的缝纫针仔细地把孔扩大一点。

附加建议

有些时候奶温还太高，但宝宝哭喊得很厉害，这也许会让您急得直流汗。这时，您可以把奶瓶拧紧放到装满冷水的容器里让奶液快速降到适宜温度。

奶粉喂养的宝宝需要喝茶吗？

由于蛋白质和盐的含量低，婴儿奶粉和母乳一样有止渴的作用。只是

宝宝半岁后可以为其添加辅食。刚开始接触辅食可以让宝宝只吃几勺，随后慢慢给宝宝喂一些需要啃咬的食物。按照本书的食谱可以亲自给宝宝制作辅食。

示您按照怎样的顺序给宝宝提供食物。

婴儿辅食会降低过敏风险

您可以按照自己和宝宝的意愿来决定母乳喂养的时间长短。在过去几十年间，单一的辅食被看成是宝宝的理想食物，但对此问题的学术观点慢慢地发生了变化。我们给妈妈们的建议是：少量尝试不同种类的食物，而不是一味地避开某些食物。辅食对母乳喂养能起到补充作用。宝宝五六个月大时是开始辅食喂养的时期。您可以尽量变着花样给宝宝尝试不同的食物。偶尔在辅食中添加一些含面筋的谷物可以降低宝宝患腹腔疾病的风险。

亲自给宝宝做食物

- 没有什么比自己做的食物更能促进宝宝味觉的发育。
- 尽量使用有机水果和蔬菜，烹饪的时候尽量保持它们的新鲜度。
- 如果宝宝超过8个月大了，您可以把家人的食物给宝宝留点当作辅食。给他的食物中加点带皮的熟土豆、小块的肉或者肉汤也是可以的。

快速简单的杯装食物

- 尽量使用添加剂少的产品。
- 在加热器或微波炉中给杯装食物加热。在喂食前要仔细搅拌和试温。
- 如果不需要食用全部的杯装食

物，可以取出小份加热。已经打开的还未加热的杯装食物最多可在冰箱中保存 1—3 天。

- 已经加热过的剩余食物绝对不能再给宝宝吃了。您可以把这些剩余食物拌进调味汁或汤中让成人食用。

- 烹饪谷物食品不需要使用小杯：速溶的谷物片可以很快制作完成。

不同时期的宝宝适合什么食物？

出生时：

母乳、婴儿奶粉、开水。

5—6 个月大：

煮熟的少量泥状食品：谷物片（最好是燕麦片和斯佩尔特小麦）、禽类、鱼类、易消化的蔬菜、黄油、菜籽油、纯果汁。

7—8 个月大：

全脂鲜奶（只适合晚餐的牛奶糊）、属性温和的新鲜水果、碾碎的坚果、蛋类。

9—10 个月大：

面包、含盐量低的并且经过加热消毒的奶酪、粗纤维蔬菜和成人食物。但是，宝宝在 1 岁时不能吃蜂蜜，盐、糖和其他甜食也不要轻易给宝宝食用。

11—12 个月大：

成人食物。

为婴儿准备的全营养食物

全营养食物的原则是尽量减少对食品的再加工。在这个意义上，母乳绝对是针对宝宝需求为其量身定做的最好的全营养食物。优质奶粉、生谷物和难消化的蔬菜对 1 周岁以内的宝宝来说都是禁忌。这些食物对消化器官的要求很高。

1 岁大的宝宝适合食用哪些食物？

- 宝宝的食物必须做熟。例外：水果以及易消化的属性温和的蔬菜。

- 宝宝 9 个月大就可以给他吃些谷物作为专门的辅食。

- 宝宝快到 1 周岁时可以吃面包，但最好是精细加工过的全麦面包。

附加建议

各种小杯商品、速食婴儿食品以及婴儿零食种类繁多，您可以在不同的购物网站查到相关评论。

• 土豆含丰富的营养素并且很容易消化。

• 肉类，特别是牛肉和羊肉可以提供重要的铁元素。

• 过早吃鱼肉可能会引起过敏反应。

• 两岁后宝宝可以喝牛奶，但绝对不能是生牛奶。10 个月大以后宝宝可以尝试酸奶、凝乳和奶酪。

• 菜籽油和冷榨油是理想的脂肪来源，黄油可以为宝宝提供维生素 D。

• 糖果或者含糖量高的食物可以给宝宝吃，但并不是必需的。饮料中的糖类会损害宝宝的牙齿。由于存在病菌感染的风险，蜂蜜和糖浆也不适合宝宝食用。

素食主义会给宝宝带来伤害吗?

素食主义存在多种形式，严格的素食主义者包括长寿饮食者除了肉类之外也不食用鱼类、蛋类及奶制品。

附加建议

为了预防乳糜泻，在宝宝 4—6 个月期间您可以为宝宝添加少量的辅食，一周最好为宝宝准备 2—3 次蔬菜粥，中午食用。

如果严格遵循这样的饮食规则会使婴儿发育紊乱，使婴儿的身体缺钙，缺少构成蛋白质所必需的氨基酸以及维生素 D、维生素 B_1 和维生素 B_{12}。发育紊乱会导致婴儿抽搐或者损害其大脑。如果妈妈们在宝宝 1 岁以内持续用母乳或奶粉喂养，便不会给宝宝造成这种不良影响。

如果鱼类和蛋类食用较少的话，可以在辅食里加入富含铁元素的坚果、芝麻（芝麻酱）、南瓜子或瓜子，这样不但减少了宝宝含油食物的摄入，还补充了维生素 C。

辅食：从香甜到浓郁

宝宝在刚开始接触较干的辅食时会不习惯，您要事先检查一下辅食的黏稠度和口味。有不少宝宝在吃第一口辅食的时候会感到厌恶，会摇晃着脑袋把食物吐出来。等到宝宝习惯了胡萝卜的味道时，含有肉类和蔬菜的辅食是宝宝味觉神经的下一个挑战。因此，不要将宝宝的餐食同时换成辅食，和宝宝的成长一样，在给宝宝添加辅食时也需要一步步耐心地进行。

从几勺开始喂起……

开始给宝宝喂辅食时，您可以在每天中午的母乳或奶粉喂养过程中给宝宝吃1—2茶匙的胡萝卜泥或水果泥。如果能把加入调味品之前的成人餐食给宝宝留一点是最好的。

- 最好用一个小玻璃杯来盛放宝宝辅食，敞口在冰箱里可以存放一天。
- 其他属性温和的蔬菜可以代替胡萝卜，比如欧洲防风草、菊芋、红薯或者南瓜。
- 可以将口感较软的水果做成泥按小勺分成小份。
- 如何用勺子给宝宝喂食您可以参考本书第129页。

第一份辅食

最早在宝宝5个月大时您就可以在每天中午喂他吃含土豆、胡萝卜或肉类辅食。

每天中午：蔬菜、土豆、肉类辅食

您可以在宝宝1周岁内更换不同的食材作为婴儿辅食。辅食的量需要逐渐增多。

- 大约50克土豆；
- 100克胡萝卜；
- 20克剁碎的精瘦肉，比如羊肉、牛肉、禽类肉或猪肉；
- 2—3汤匙苹果汁；
- 1汤匙菜籽油。

- 把碗里的土豆煮熟。
- 将胡萝卜切碎和肉馅搅拌在一起，再加入3—4汤匙的水，放入锅里蒸大概15分钟。
- 将土豆削皮，切成小块，加入苹果汁和油，然后用碾钵捣碎。
- 素食主义者可以用1汤匙的燕麦片来代替肉类，有时也可以用1汤匙的芝麻酱或碾碎的瓜子、南瓜子来替代油。

午餐辅食

中午这顿辅食的制作会花费一定的时间，因为量小而不好烹饪。方便点的做法是，一次多做些，将剩余部分一份一份地放在冷藏袋里，在超低温的环境里储存起来。解冻后，每份辅食里加一汤匙菜籽油。

做 30 份辅食需要的食材：

• 900 克瘦肉；

• 0.5 升水；

• 一小撮茴香；

• 1.5 千克土豆；

• 3 千克胡萝卜。

• 将肉放入高压锅中，加入水和茴香末，用一挡功率煮大概 45 分钟。

• 与此同时，将土豆洗净，放入蒸锅中蒸熟。然后将胡萝卜洗净，削皮并切碎。

• 把煮熟的肉捞出，将切好的胡萝卜放进煮肉的汤中，用一挡功率在高压锅里煮 6 分钟左右。

• 将肉切碎，分份放进搅拌器里，再加入煮肉的汤和胡萝卜一起搅成泥状。

• 把煮熟的土豆去皮，再用压榨机压碎。最后，将土豆泥与搅碎的胡萝卜、肉拌匀。

将做好的食物分成每份约 200 克装入冷藏袋（可以根据宝宝年龄和胃口分份），再一起放入超低温冰箱里冷冻。

• 食用的时候可以将其放进微波炉或者蒸锅中加热。

注意：

不要按自己的口味为宝宝的辅食调味，因为宝宝还不能摄入盐。食物本身的味道对宝宝敏感的味觉神经来说已经足够了。

• 据报道，在少数情况下，宝宝可能会对面筋产生过敏反应。谷物类适合宝宝食用的只有小米、大米、玉米和荞麦。研究显示：在宝宝 4—6 个月期间给他食用含面筋的食物（小麦、大麦、黑麦、斯佩尔特小麦）可以预防对面筋成分的过敏，但前提条件是母乳喂养。

辅食喂养要在每日中午进行。提前制作大量食物并分份冷冻可以节省时间。

辅食喂养：从第6个月开始

妈妈们最早可以在宝宝6个月大时开始添加辅食。这时他并不需要勺子，因为宝宝的辅食是流质的，仍可以使用奶瓶。只不过您需要更换成十字孔辅食奶嘴（参见第112页）。

晚餐：全脂牛奶谷物辅食

可以为6个月大的宝宝用以下食材准备一餐：

•200毫升的全脂牛奶；

•20克的婴儿米粉；

•4茶匙的苹果汁。

• 在100毫升的牛奶中倒入米粉，搅拌均匀，根据米粉的量来判断烹制时间，通常1—2分钟就可以煮熟。

• 把煮好的掺了米粉的牛奶从炉灶上取下来，再把剩下的100毫升牛奶兑到里面一起搅拌均匀。

• 把搅拌好的牛奶与果汁一起倒进奶瓶，轻轻摇晃使其均匀。

• 如果宝宝受伤了，您可以买些属性温和的梨汁和胡萝卜汁代替苹果汁。

宝宝7个月大时妈妈们可以在下午给他添加一次不含奶的水果谷物辅食。

宝宝7个月大时您可以用水果谷物辅食作为宝宝的下午餐。

这种辅食不需要再添加牛奶，否则蛋白含量就过高了。用燕麦片就可以很快给宝宝做出物美价廉的一餐。除了苹果您还可以使用其他水果，比如桃子、草莓、梨以及香蕉。

下午餐：水果谷物辅食

给宝宝做一顿下午餐辅食所需要食材：

•20克燕麦片；

• 大约125毫升水；

•100克苹果；

•1汤匙黄油（约10克）。

• 将燕麦片和水用文火煮开，持

续沸腾 1—2 分钟。

- 将苹果洗净带皮擦干并去核。
- 把苹果切成小块添加进辅食中。
- 放入黄油，最后再一起搅碎。

如果宝宝开始长牙……

他需要一些用来咬的东西。如果他的牙齿长得很早，那么您需要为他准备出牙咬环来帮助他。宝宝到了 9 个月大时，可以小口地啃咬面包和苹果块，辅食也可以是成块的。您可以参考本书第 82 页的食谱，每天早餐除了奶粉再给宝宝喂一些面包，过一段时间在早餐中慢慢搭配些水果或者酸奶（参见第 122 页）。

每天下午的那顿辅食可以逐渐用加餐来代替，比如：水果块、几片黄油饼干或者一小块面包。

在快满 1 周岁时，宝宝一日三餐都可以和您一起吃，但您需要准备性温、易消化的食物。

乳牙萌发

宝宝最早在出生后 6 个月乳牙就开始萌出，也有些宝宝是在 7—8 个月大时开始长牙。一般宝宝长牙的时候会流口水。通常您在看见乳牙尖的时候才能发觉乳牙长出来了。乳牙长出的前几天，局部牙龈可能充血，宝宝会有一些表现，比如哭闹增多，食欲减退。有的宝宝还会出现低热以及一些并发症状引起的疼痛。咬面包边、胡萝卜、冰凉的咬胶或者蘸着鼠尾草茶的磨牙棒能缓解宝宝的不适。到了 1 周岁宝宝通常会长出 8 颗门牙，然后会长出臼齿。

注意：

如果宝宝的上下牙还没有都长全，他就不会正确地咀嚼，因此不能吃苹果。长牙前，宝宝没法用上下颚把硬的水果块弄碎，误食的话就有呛到或吸入异物的风险。

吃东西——还不能自理

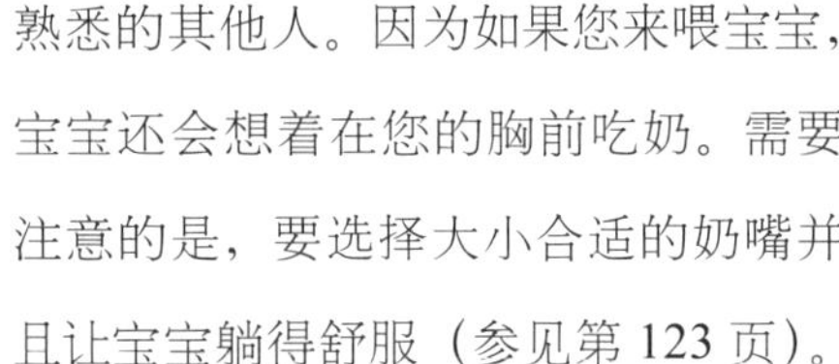

宝宝刚出生就会吮吸，吮吸是一种先天反射。然而,很多方面的“本领”宝宝都需要您的帮助才能学会，比如啃咬、咀嚼、使用勺子以及从杯子里喝东西。这些都并非易事。

从奶瓶到杯子

母乳喂养的宝宝通常不会使用奶瓶。有时候他们宁可饿着也不愿意吸奶嘴。

- 如果宝宝还不到8个月，您需要给他断奶，那么不管怎样他都需要习惯奶瓶。这时候妈妈们最好把用奶瓶喂养宝宝的任务交给爸爸或者宝宝熟悉的其他人。因为如果您来喂宝宝，宝宝还会想着在您的胸前吃奶。需要注意的是，要选择大小合适的奶嘴并且让宝宝躺得舒服（参见第123页）。
- 当宝宝过了8个月，可以试着让他使用学饮杯，有些宝宝在这个阶段已经具备这种能力了。带有溢出筏的学饮杯更实用，可以防止液体外溢。此外，您的宝宝可以通过以下方式练习自己喝水：光着身子在夏天的草地上或者在浴盆里——当然需要他自己坐着。您需要做的就是把学饮杯灌满水。
- 最晚在宝宝两岁时，杯子就要完全代替奶瓶了，这样才能避免刺激宝宝的牙齿。但与此同时，宝宝的吮吸需求并没有停止，您此时不必给宝宝戒掉安抚奶嘴，不得已时宝宝吮吸拇指也是可以的。

最开始不要让宝宝自己拿杯子，而是帮他托着杯子底部。当宝宝能自己坐着的时候，他可以尝试独立用杯子喝水。

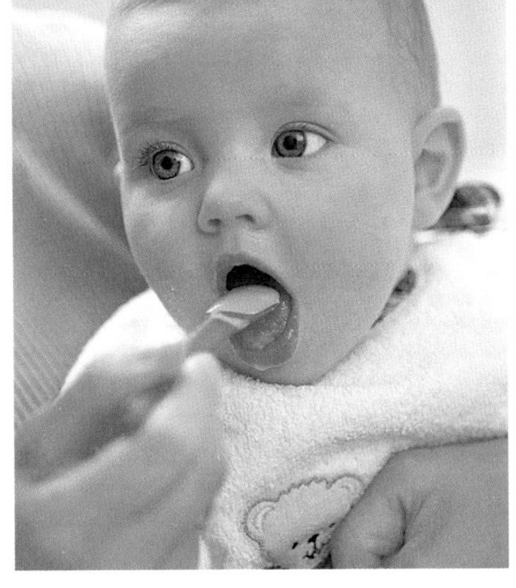

看起来是很简单的：如果爸爸能参与到喂宝宝的过程当中，会让喂食这件事容易些，但正常情况下刚开始用勺子为宝宝喂食总会出现一些状况。

宝宝如何学会用勺

在宝宝4个月之前，他还不适合用勺子。这期间他只会吮吸，因为宝宝的反射能力还不足以支持他完成咀嚼吞咽动作。

然而最晚在宝宝6个月大时，也就是添加辅食的时候，就可以给宝宝使用勺子了。

在怀里喂食

1. 在最开始的时候，围裙和围嘴儿是必须要准备的——掉在衣服上的胡萝卜泥等辅食会留下顽固污渍。

2. 在喂食的过程中最好一直把宝宝抱在怀里。如果您用右手，那么就把宝宝抱在左侧怀里，他的脸是朝向您的右手边的。您需要用左侧胳膊抱紧宝宝，并压住宝宝的胳膊不要让他乱动，以免弄洒食物。因为宝宝总是想把周围的东西都抓到手里，胳膊乱挥就可能打翻勺子，把食物弄到妈妈的衣服上。

3. 以上都做好时您就可以用能自由活动的这只手来喂宝宝了。

让宝宝使用安全座椅

如果您想要更方便，可以让宝宝坐在安全座椅里喂他。但是，您每喂一勺都需要弯腰。

让宝宝上餐桌吃饭

如果宝宝已经能自己坐得相当稳了，可以让他坐在宝宝餐椅（参见第130页）上吃饭。这样可以为以后家人一起在餐桌旁吃饭做好准备。但是宝宝坐在餐桌椅里，手是可以自由活动的，此时您最好确保您对勺子的使用已经很熟练了。

如何喂宝宝

- 第一次用勺子喂食前最好让宝宝先喝点奶保持半饱状态。饥饿的宝宝会愤怒地拒绝勺子喂食。

为宝宝准备的儿童高座餐椅

儿童餐椅有不同种类：组合式的、为3—6岁宝宝设计的餐椅以及普通儿童餐椅。因为宝宝很活泼好动，所以在选择时要重点考虑椅子的稳固性，挑选稳当、底座宽大的椅子，这样的椅子不容易翻倒。同时，椅子的材质必须无毒并且容易清洗。

在购买前需要仔细阅读使用说明。

- 组合式儿童餐椅的缺点是：重量大，比较笨重。此外，这种椅子很小，宝宝再大一点就坐不下了，适合在宝宝3岁前使用。优点是这种椅子通常安装了脚踏板。
- 专为3—6岁的宝宝设计的儿童餐椅可以很容易被推到桌面下。缺点：小一点的宝宝坐在上面会不舒服。这种椅子没有脚踏的地方并且不易找到大小相配的桌子。
- 普通儿童餐椅设计简单，适合小户型的房子。带轮子的便携式餐椅尤其适合住在一楼的家庭。

- 刚开始您可以选择甜的胡萝卜泥或者水果泥来喂食。
- 您应该使用塑料勺，因为金属勺子比较凉，比较硬。尽量选择一些长的扁平的勺子以便适合宝宝的小嘴。
- 用勺子舀食物的时候尽量把食物装得满满的，宝宝可以先从勺子里吮吸到食物，因为他需要先学会咀嚼吞咽的动作。

如果宝宝拒绝进食

- 如果宝宝拒绝辅食，原因可能是他不习惯这么高的黏稠度。您可以用水或母乳将辅食稀释。
- 耐心很重要！您需要在自己精力充沛并且放松的情况下开始这项“实验”。
- 不要总是为宝宝换新菜单。在短时间内，种类繁多的食物会增加宝宝消化系统的负担。宝宝不会因为食物不合胃口而拒绝进食，通常是因为对黏稠度高的食物和勺子还不习惯。

宝宝终于可以自己进食了

有些宝宝在快到1周岁时就可以稳当地坐在椅子上了，另一些宝宝可能需要更长时间才能学会稳稳地坐着。宝宝会坐了就意味着他可以和大人们一起用餐了。然而您的用餐时间或许和宝宝的用餐时间不相吻合。宝宝还不能吃餐桌上的所有东西，您可以尽量为宝宝挑选一点他能吃的。在和您共同用餐的过程中，您的宝宝会产生归属感并且通过观察来学习。如果您不怕宝宝把餐桌和衣服弄脏，宝宝自己进食这件事会变得更容易。

让吃饭变得有趣

- 如果您的地板不耐脏，您可以在百货商店或者家具店买几卷结实透明的烤漆薄膜，把它铺在儿童餐椅下面的地板上。这种薄膜并不显眼还能保护地板。
- 您需要给宝宝围上围嘴，围嘴最好能盖到胳膊，然后您再把宝宝抱到怀里。您可以用旧毛巾缝制更大的围兜。
- 塑料盘子和塑料杯对于自己进食的宝宝来说是理想选择，底部带有防滑吸盘的学习用餐碟也很实用。
- 宝宝的胳膊很短，他够不到角落里的食物，因此，有弯度的勺子对宝宝来说比较实用。
- 宝宝还需要“手指食品”，这些食品方便用手抓着吃。虽然这些食物会让宝宝把周围弄得脏兮兮的，但“手指食品”能帮助宝宝锻炼手、嘴、眼的协调功能，同时，还能帮助宝宝锻炼咀嚼能力，促进牙齿的发育和萌出，更重要的是可以让吃饭变得有趣。

在餐桌上吃饭可以让宝宝有好胃口和好心情。

注意：

千万不要在吃饭的时候留下宝宝一个人，他很有可能因为呛到而窒息。如果宝宝被呛到了，您需要快速地把宝宝从餐椅里抱出来，让他的头朝下，再用力地拍打他的后背直到呛进去的食物被吐出来。

对整个家庭的建议

事实上，有了一个宝宝整个家庭都会变得一团糟。每个家庭成员所扮演的角色都需要重新分配，每个人都要找到自己的位置。阅读这一章，您可以了解到：父亲、兄弟姐妹、祖父母该怎样参与照顾宝宝，您和丈夫怎样解决夫妻间可能产生的问题；您如何在转变为母亲后继续成功地扮演好妻子的角色。

生了宝宝后犹如进入一个新的国度旅行。第一个宝宝的出生带来的变化和影响最为深刻。宝宝的到来让一对夫妻成为父母，让一对父母成为祖父母，让男人成为父亲，让女人成为母亲，让先出生的孩子成为哥哥姐姐：一个全新的家庭产生了。经历了这场“风暴”，人们要重新找到平衡，但这并不容易！

新家庭的诞生

人们对新角色通常抱有很大的期望。初为父母的人自己的童年记忆可能浮现出来并引发直觉上的混乱。若当前出现的问题不能被解决，那么将来对整个家庭都会造成困扰。然而对于那些可以正确处理矛盾的人，对于那些利用这个机会重新认识他人的人以及那些准备好改变自己的人来说，新家庭的诞生是一个真正的新的开始。

这种情况也同样出现于二胎或更多孩子的出生或者是重组家庭的第一个孩子的出生。整个家庭会因为宝宝的出生而失去平衡。然而这也是重新融合的前提条件，因为新事物的产生总会使旧事物发生变化。

其中，母亲所做的改变总是最大的。她们怀了宝宝，生了宝宝，还要给宝宝哺乳。她们又回到了妻子和母亲的传统角色中，甚至有时会感觉很无助。

父亲也处在很大压力下。他也许知道一个理想的父亲应该是什么样，但没有人告诉他如何去做。

最根本的准则是维护好夫妻关系以及彼此相爱，爱的结晶就是宝宝，但宝宝有时也是夫妻关系的最大负担。

只是父母，不再是夫妻？

在宝宝出生后，您和丈夫仍然要维护夫妻关系。孩子总有一天要走自己的路，但是您可能会希望一直和孩子在一起。如果宝宝出生后夫妻之间开始互相称呼孩子爸、孩子妈，那么夫妻关系就会局限于父母这个概念中，长此以往会影响夫妻关系。

您要清楚这种称呼仅仅用在孩子和你们的父母在场的情况下。你们现在不仅仅是孩子的父母，还要为彼此考虑，这并不意味着母亲和妻子的角色会互相冲突，而是要求您和丈夫重新回到夫妻关系，互相分担喜悦和忧愁，共同经营好你们的新家庭。

加强互助

宝宝并不能改善或者修复夫妻关系，当然也不会破坏它。在抚养宝宝这段负担最重的时期，一些夫妻一直在回避的问题会凸显出来。也就是说，原来棘手的关系会变得更难处理，甚至破裂；原来融洽的关系可能会因为琐事出现裂痕，但最后会在冲突中变得更坚固。和谐关系的基础是尊重、诚实和信任。如果您在宝宝出生前就坦率地说出自己的期待和担忧，那么在宝宝到来后，您就可以把这种倾诉继续下去。

男性如果缺少做父亲的基本准备也会对夫妻关系产生不利影响。对宝宝不负责任或拒绝照顾宝宝的父亲会因此破坏夫妻关系的最后一点基础。因为通常一个完全独立照顾宝宝的母亲在以后的时间里宁愿自己抚养孩子，也不愿和不负责任的丈夫一起生活。

避免冲突

作为妈妈您在各个方面都需要丈夫的支持。您应该让他清楚地知道，他对您有多重要。

- 不要抗拒宝宝的父亲。您需要给丈夫信任感，他能和宝宝相处得很好。虽然跟您对待宝宝的方式不同，但父亲对宝宝的成长也非常重要。
- 不要把宝宝的父亲看成是打下手的，认为他充其量就只能取个奶瓶、给宝宝拿裤子或者买纸尿裤。您要和他共同讨论有关宝宝的各种想法、决定和担忧。
- 也许他还需要一些鼓励和推动，这就要求您使用一些策略。有时需要一个日程计划表来帮助他。
- 您完全可以显露出作为妈妈的弱势，因为一个全能妈妈也许会让孩子的爸爸感到沮丧。

产后第一次性生活

三分之二的女性在顺产之后会有轻微的受伤状况。从内部黏膜组织的撕裂到会阴切开术，每个妈妈的子宫上都会有一个大伤口，这个伤口会引起子宫恶露（参见第 18 页）。以前这种分泌物被认为是有传染性的，甚至还有迷信说法说这是不洁与受辱的象征。然而事实上，它跟其他伤口产生的分泌物没有差别。如果男性在性交过程中戴上安全套，理论上就没有理由反对性交。但如果没有安全套，对女性来说感染风险就很大，因为黏膜此时还有裂口并且很敏感。

通常在宝宝出生一个月内不进行性生活是为了让妈妈们有更多时间去调理，去思考，去适应宝宝的存在。世界上很多国家情况都是如此。大多数男性都本能地在这段时间给妻子以关爱。他们会耐心等待，直到妻子主动给出性生活的信号。如果男性在这时候体贴入微、温柔亲切地陪伴妻子，而不是过早地要求性生活，对于刚分娩完的妻子来说无疑是最舒心的事情。

分娩后的避孕

很多父亲认为，母乳喂养会阻碍排卵，然而这种观点是错误的。严格地说，以间隔 4 小时以下的频率进行哺乳可以让激素有规律地分泌从而阻碍排卵的说法是对的。如果哺乳间隔时间变长了，妈妈还是可能会怀孕。给宝宝母乳喂养的妈妈同样需要避孕。

方法

- 男性可以戴避孕套。
- 含有孕激素的药片也可以对避孕起作用。激素几乎不会进入母乳中。
- 激素植入是安全的，其作用跟小药片一样，也几乎不会进入母乳中。
- 避孕环和子宫托不太安全，并且会引起不适。
- 宫内节育环在宝宝出生 6—8 周后才可以用。
- 避孕膏药中的激素会进入母乳。
- 在分娩后通过测量体温推算排卵期的方法是不可靠的，因为月经周期还在变化。
- 三月一次的注射也会让激素进入母乳中。

性生活中可能会遇到的问题

即使子宫恶露排完了并且为避孕采取了合适的措施，在性生活中还是会存在问题，原因很多：

- 会阴缝合处有可能还没痊愈或者缝合得不太好。这时候您不需要咬牙挺着，应该去看医生。医生可以治疗这种持续疼痛的伤口。

- 有些初为人母的女性会不习惯自己身体的变化，她们觉得自己失去了吸引力，总想掩饰隐藏自己。

- 许多女性会因为怀孕、分娩、哺乳而处于“24小时待命”的状态，而这种状态让她们感到精疲力竭。她们总是无精打采。晚上的睡眠质量高的话，性生活也会好起来。

- 对一些女性来说，状态欠佳另有原因：她们对置身事外的丈夫感到失望，觉得自己孤立无援。只有真诚的沟通才能改善这种状况。

- 经历了创伤性的分娩后，一些女性会对性生活产生厌恶感。如果没有性专家或者相同经历者的帮助，夫妻两人很难解决这个问题。

您需要向妇科医生进行咨询。

在分娩后一年最重要的是耐心：宝宝在您肚子里成长了10个月，那么您也至少需要同样长的时间恢复。您需要小心地和丈夫相处，给自己足够的体贴和温暖，这样才能更容易感受到乐趣和喜悦。

宝宝可以和父母睡一张床吗

做出这个决定并不那么容易。虽然宝宝在父母床上睡觉对宝宝有很多好处，他可以更积极地成长，但是，为了哄宝宝一晚上要醒十几次会让人想放弃，想把哭闹的宝宝重新放回他自己的床上。

除此之外，您还会产生另外的担忧：我们的床从此就不再属于两个人了吗？为了建立一个和谐的三口之家，夫妻间的各种互动就完全不合适了吗？这些问题都需要夫妻双方坦诚地沟通。如果您总是让宝宝睡在您的床上，您的担忧就可能变成真的。但如果您每天晚上都让宝宝先在自己的小床上睡觉，那么他会渐渐习惯一个人睡。

尽管有宝宝，依然需要二人世界

医生总会向夫妻们特别强调，在宝宝还能在婴儿保护室里待着的时候，一定要去过二人世界。这些美好的、没有负担的夜晚会在以后的日子成为两个人的回忆。

夫妻关系想要保持新鲜感就需要有高潮。如果夫妻间只是互相承担义务以及分担日常琐事的话，关系就会变疏远。共同度过美好时光会对夫妻关系产生积极影响。你们可以重新回到互送巧克力的浪漫时期，这样沟通也变得更轻松。在宝宝刚出生的几个月不太容易实现，宝宝过半岁后您就该尝试制造些浪漫。

二人世界

- 您可以把宝宝交给父母、朋友或者保姆来照顾，为二人世界创造前提条件（参见第253页）。您也可以和同样有宝宝的朋友在不同时间交换着照顾宝宝，这样双方都可以单独出门。
- 不要等着命运给你们安排二人世界，必须自己创造条件才有可能实现。您最好把两人的外出时间定在每个月固定的几天，这样比较方便找到保姆或者朋友来配合您的时间。
- 在宝宝1岁前您都可以带着宝宝过二人世界，比如，带宝宝散步的时候两个人可以谈心。但如果您要去的是酒吧等场所就不要带着宝宝了。
- 晚饭也是二人单独度过的一段时间。即使晚餐不算丰盛，您也可以趁这段时间安静地坐在桌旁，放松自己或者和丈夫聊聊天。一旦坐在电视机前，交谈的想法就没有了。

附加建议

在几个月中可能只有一天是两人单独过周末。若您是母乳喂养，在宝宝4个月之前最好不要把他长时间留给其他人照顾。在宝宝过半岁后，您可以试着把他交给祖父母，但在他和祖父母相处的前24个小时您还是不能离开，要等到他习惯之后再走。其他人照顾时也最好让宝宝待在他熟悉的环境中。重点：把宝宝的特点、喜好和习惯写到纸上，当然别忘了写电话号码。

总在一起行不通

即使只有夫妻两个人，有自己的朋友圈以及维持自己的爱好也很重要。但随着宝宝的降临，情况就改变了。虽然两人各自的朋友圈子还在，但您由于实际情况不太可能总和朋友相聚。如果家里有保姆，那么夫妻中的一方是有机会和朋友去看电影的。如果运动对您很重要，你们可以互相给对方自由时间。

但如果待在家照顾宝宝的总是某一方，这就很不公平。如果夫妻间有一方认为“如果我不能离开，你也要待在家里”，同样很糟糕。

茧式生活不可行

“茧式生活”是指闲暇时闭门不出的生活方式。通常人们会在第一个宝宝出生后开启这种生活模式。

时间少以及疲惫感会使您与外界断绝联系。因为宝宝您也没法参加朋友们的聚会。宝宝出生后，您的兴趣爱好也会改变。年轻的父母常常闭门不出，然而没有必要这样。宝宝的存在可以让您和他人发展新关系：

- 怀孕期间参加分娩和育儿课程可以帮助您认识新朋友。
- 通过哺乳小组、游乐场、妈妈们组建的群，您也可以交到新朋友。您还可以通过广告找到宝宝爬行班和交流育儿经验的小组。
- 妈妈们可以互相交流经验，在思想上互相支持。在这样非正式的交流小组互相分享信息对妈妈们有很大帮助。妈妈们可以在小组里找到有关宝宝的专家信息，也可以在这里招聘保姆或者了解幼儿园的最新信息。

在这些交流中，您很可能会对一些人产生好感，与其成为朋友。

- 您也可以做些事情来维持与老朋友的关系：通常来说您不会与真正的好朋友断了联系。对不同生活状态的互相理解是好友关系存在下去的重要基础。您不要一如既往地用相同的方式处事，回想一下自己从前是如何看待和对待已为人父母的朋友的。

在宝宝出生后，您也许感觉一切都和您想象的不同。夫妻双方都会有各自的想法和期待。这些想法和期待或许都没有被说出口。最好的解决办法是——沟通。下面的调查问卷会帮助您。夫妻俩最好一起填写。填完后您会惊讶地发现，两人有太多不同的答案。

测试：夫妻间互相满意吗

1.如果需要把宝宝包到襁褓里，谁来做这件事？

A.如果宝宝排便了，那收拾就是我的活；如果只是纸尿裤湿了，他（她）会跳出来收拾。

B.我们轮着做，相当公平。

C.当然是我，照顾宝宝是我的工作。

D.我的丈夫（妻子）可以做得很好。

E.谁闲着谁来做。

2.到了吃饭时间，宝宝在哭，但食物还没有准备好。谁来做饭？

A.我会尽量快地做出一顿饭。不得已时，他（她）就点一份比萨，这样我可以照顾宝宝。

B.首先确认应该轮到谁做饭，那么另一个人就来照顾宝宝。

C.在我家不会出现这种情况。家务活是由我来处理，照顾宝宝也是我的任务。

D.我不擅长做饭，冰箱里有什么我就简单弄点什么。

E.我们一起做饭，一个切菜，一个搅拌。安抚宝宝也是两人一起。

3.您环顾四周，发现一片狼藉，这时您会做何反应？

A.我会先大致收拾一下。他（她）不知道东西都该放在哪儿。

B.理论上是自己清理自己的东西，但最后都是我一个人在做。

C.即使我很累，也会开始整理所有东西，一切都要物归原位。

D.我觉得自己快神经质了，但还是要做我该做的。万不得已就逃跑吧。

E.这没有什么，宝宝是第一位的。

4.宝宝夜里醒过来，开始哭喊，谁起床照顾？

A.夜里起床对我来说不算困难，他（她）有时候也会醒，但我不希望影响他（她）休息。

B.我们轮流起来照顾宝宝。

C.这是我的工作。我的丈夫每天早上都要出门工作，此外，我可以更好地照顾宝宝。

D.99%的事情都是我的妻子在做。我第二天还有工作要忙。

E.起床对谁更容易,谁就起来照顾宝宝。

5.宝宝生病了，谁来照顾他？

A.反正我一直在家，因此照顾宝宝不是问题。

B.我会请几天假来帮他（她）。

C.有些情况下会找宝宝的奶奶过来。

D.当然是妻子来照顾，我要负责赚钱。

E.谁的时间更多，谁就来照顾宝宝。

6.如果丈母娘或者婆婆总是处处插手，谁来劝说她要掌握分寸？

A.我来，因为在我家里根本不会发生这种事。我和他（她）都能应付得来。

B.我们打赌，谁输了谁来。

C.她做这些是好意，我不应该去让她伤心。

D.我不会干涉，这种事情应该女性间私下谈，我不想伤害任何人。

E.如果是我母亲的问题那就由我来处理，因为我更了解她。

7.您的生活在宝宝出生后改变了多少？

A.简直是360度大转变，有时候我都不知道自己到底在哪儿。

B.忙得不知所措，他（她）虽然会帮忙，但大部分事情都是我来做。

C.我的角色变成了家庭主妇和母亲，不过我很喜欢这种改变。

D.我很骄傲成为父亲，但我的生活没有改变太多，我妻子的生活跟以前很不一样了。

E.一切都变了，但这种改变让人激动。

8.您想要过一次真正的二人生活吗？

A.我们已经计划过很多次了，但是中间总会出现各种问题。

B.不，完全不需要。我们已经达成一致，到哪里都带着宝宝。

C.原本可以，但是宝宝总是把我拴在家里。

D.他（她）走不开，因此我只能自己出门。

E.可以，只要找保姆来照顾就好。

9.您的朋友邀请您参加活动，您会答应吗?

A.我认为最好是我自己来邀请客人，当然前提是我把照顾宝宝的事情安排妥当。

B.重要的是，聚会当天有没有时间。

C.有了宝宝后，聚会就不可能了。我会拒绝。

D.当然去，和朋友的相处对我有治愈效果。

E.可以去，他（她）可以在聚会当天照顾宝宝。

10.当您的另一半独自照顾宝宝时您会做何反应?

A.我不会坐着不管，不管怎样我都会帮忙。

B.我们对照顾宝宝的事情有明确分工，做什么都分得很详细、很公平。

C.他能一个人很好地完成所有事情？我很怀疑。

D.我的另一半可以完美地照顾宝宝，我对此很欣慰。

E.他（她）会很高兴，因为终于可以一个人做事了。

参考分析：

数一下您分别选择了多少个A、B、C、D、E，然后在评价里查看您选择最多的字母对应的内容。

A 母亲的专利

一切都要在您的掌控下：宝宝、家务、伴侣以及工作。您或许总会听到说您有组织才能的客套话，但是，有时候您也会被搞得精疲力竭。毫无疑问，照顾宝宝的日常生活会让人有很大压力并且得先练熟。为了保持持久的活力，您应该多让自己休息，多寻求帮助。您不必什么事情都亲力亲为或尽善尽美，把部分任务交给伴侣、亲属或者朋友。您要思考一下，到底什么事情是真正重要的，然后把不重要的都排除。您需要有让自己深呼吸和加油的自由时间。

B 平等型

在您家里，有关宝宝的事情都很公平：公平分配任务，客观讨论。这是适应父母这个新角色的很好的前提，但并不是每个任务都一定能公平划分。有了宝宝的生活很少能按计划进行，事先商定好的事情往往会泡汤，这就要求父母双方有自发性和应变能力。您需要给自己和伴侣一定程度的放松，不是所有任务都必须分配得十分公平精确。有时候夫妻一方比另一方有更多的时间。有时，一些事情更适合其中一方去完成。

您需要更加灵活并且信任您的伴侣。

C/D 传统型

您选择的是传统的分工方式：女性负责照顾孩子、做家务，男性负责挣钱养家。如果夫妻双方都能做好自己分内的事情并且生活得幸福，那就太完美了！这种传统家庭模式并不是没有道理的。但如果夫妻中只有一方看好这种严格的分工，另一方不能完全投入到自己的角色中，事情就很难解决。双方需要沟通：您要开诚布公地表达自己的意愿，说出令自己困扰的以及您希望另一半去做的事情，最后还要试着妥协和让步。

E 松散型

看起来您很适应您的新角色。您和您的另一半能够在基本原则上达成一致，在小事上也会有争吵，不过您可以公正地解决这些问题。

您最大的优势：不斤斤计较，也不会过分认真，遇到困难情况总是会和伴侣沟通。这是适应新角色最好的前提，这样做才能克服养育宝宝过程中出现的各种难题并找到养育的乐趣。

父亲的角色

初为人父：不要害怕碰触宝宝，要尽情地与宝宝接触。

近几十年来，父亲这个角色产生了很大转变。大多数男性比他们的父辈、祖父辈承担了更多的家庭义务。相应地，社会对年轻父亲的要求也产生了变化：一起为生产做准备，在产房陪护，妻子分娩后休假照顾几乎都是不得不做的事情。

一些马上要成为父亲的男性在伴侣的强烈期待下有了压迫感，感觉就要崩溃了。他想象着自己要成为超级奶爸，但又觉得自己不适合。

寻找新榜样

在现代社会，当父亲的人几乎没有可以参照的榜样，因此他们会有达不到期望的担忧。或许也会隐隐害怕周围的人笑话自己怕老婆，下意识里还有可能担心自己在家里没有权威。在宝宝刚出生的几个月里，所有事情的进展或许都跟预期的不一样。由于各种不确定性，大部分初为人父者可能又回到传统父亲的角色中了。今天，很多男性仍然是家里唯一养家的人，他们只有在宝宝两周岁前才有休产假的机会。作为家里的经济支柱，父亲承担了太多压力。这常常会使他们长时间留在办公室里思考该逃避还是该承担家庭责任。

不要害怕做父亲

您没有理由害怕自己不能担任新角色或者满足不了他人的期待。新的调查研究证明，男性可以和女性一样胜任照顾宝宝的角色。“宝宝模式”，也就是宝宝的外表，会像信号一样刺激您跟女性一样产生一种照顾宝宝的冲动。男性会尝试着以与女性相同的方式来对待宝宝。他们会回应宝宝的笑，用温柔的声音对宝宝说话，会细致认真地喂宝宝。他们有时候也会神情专注地观察宝宝，能和妈妈们一样闭着眼睛也可以认出自己的宝宝。总的来说，如何当父亲是不需要刻意学习的。当环境需要他们做出改变时，他们就会本能地做出反应。

拉近您与宝宝的关系

到底是做一个新时代的父亲，还是当一个传统家庭中的男性呢？这种两难境地的出路在哪里？您首先需要克服自身的惰性以及摆脱给别人的不可靠的印象。当然这样的事情不会立即成功，也不可能百分之百地都做到。因此您也可以退而求其次，采取其他的建议。例如：并不是每个人都愿意从头到尾看完本书，但如果能做到则最好。

承担父亲的责任

父子或父女关系的好坏取决于父亲在这个关系中投入了多少精力。

在宝宝出生后的前几个月，特别是在您全天工作的情况下，有一个明确的分工原则是很重要的。它可以使您不必独自承担照顾宝宝的艰巨任务，同时您也能了解宝宝的各种状况，而不必在需要的时候寻求妻子的帮助。我认为，一个父亲可以独自照顾宝宝。如果您时不时地找机会单独和宝宝相处，您与宝宝的关系就会更亲密。不

给爸爸们的特别建议

您低沉的嗓音、不同于女性的身体以及完全不同的行为方式会给宝宝带来与妈妈相处时完全不一样的体验。

爸爸在和宝宝做游戏的过程中更有激情，能提高宝宝的创造力和胆量。他们比妈妈们更信任宝宝。妈妈们通常会给宝宝过多保护，甚至会对他们起到一些限制性的影响。研究显示，孩子在没有男性照料的情况下不能达到最优成长水平。除了爸爸之外，与宝宝较为亲密的男性还有爷爷、外公、叔叔、舅舅以及哥哥。

培养孩子不只是女性的事情，而是夫妻共同的责任。

这样的父亲不仅在别人眼里是不一样的，他本身也会觉得自己相当特别！

要总是说：“宝宝会说话、会走路之后我才应该陪他。”从宝宝一出生开始您就需要履行您作为父亲的责任。如果您没有及时建立与宝宝的亲密关系，随着宝宝的成长这会变得越来越难。您需要认真严肃地对待父亲这个角色。另外，您可能在前几个月做得很好，是模范父亲，但未能在宝宝 1 周岁期间坚持下来。需要注意的是，您不能让自己和宝宝之间产生距离，距离一旦产生就可能会慢慢扩大，最后成为不可逾越的鸿沟。在照顾宝宝的过程中不能有一点差池，如果在照顾宝宝的过程中能够感受到快乐那是最好不过了。

给爸爸们的小提示

- 您可以让妻子外出几小时或者自己带着宝宝出去散一会儿步。如果您的妻子意识到您想单独和宝宝相处，那么她会很乐意接受您的安排。有了和宝宝单独相处的时间，您可以和宝宝建立起一种特别的情感关系。
- 您应该学会如何给宝宝穿衣服，如何把他包到襁褓里。您需要学会如何抱起宝宝，如何把宝宝放下来。如果宝宝需要辅食喂养或奶瓶喂养（参见第 108 页和 120 页），您最好能够负责其中一样。规律性可以促进您与宝宝的关系并减少妻子的负担，否则大多数时候都是妻子在喂宝宝。
- 婴儿背袋很受爸爸们的欢迎。受欢迎的原因有很多，有了背袋爸爸们可以像平时一样正常行动，宝宝的重量对于他们来说根本不算什么。此外，宝宝背袋可以让宝宝和爸爸之间有更亲密的身体接触。婴儿车会让宝宝和爸爸之间有距离，有些爸爸不能敏感地察觉到宝宝的危险，而婴儿背袋可以帮您把婴儿放在胸前。背袋必须和您的身高相符。另外，婴儿背袋也可以给您提供便利。

• 如果您白天一直不在家，晚上最好早点回来，您可以给宝宝洗澡（参见第45页）。您可以享受为宝宝洗澡给您带来的乐趣。累了一天的妻子也可以在这时候喘口气了。

兼顾两个角色：母亲和妻子

幸福的孕期妈妈怀宝宝的画面还记得吗？宝宝脱离了他习惯的环境，脱离母亲的身体作为新的存在来到这个世界是很美好的。而对于妈妈们来说，即使面临许多困难，承担许多负荷，她们还是保持着积极乐观的态度。

虽然为了宝宝妈妈们在怀孕期间要被迫静养，甚至被要求“与世隔绝”，但有了宝宝不只意味着压力和疲劳，他也会给您带来许多感动。您回家的时候，宝宝会表现得非常开心。他会对您的各种举动做出强烈的反应。如此这般被宝宝需要会让您觉得很温暖。此外，宝宝为您的生活带来的新鲜感会让您很激动。布置儿童房、规划未来以及重新计划有宝宝后的生活都会让您很快乐。宝宝的皮肤、宝宝身上的香气也会为您带来感官上的愉悦。

但是所有新变化的产生都改变不了您身为人妻的角色，虽然宝宝出生后您的忙碌看似没有尽头。这样的情况貌似很糟糕，但您也能从中收获很多。比如考虑事情的时候您会想得更多，以前会放弃的事情现在会降低要求尽量去完成。这些经历会让您重新认识自己的极限，让您变得坚强。

宝宝出生后，您需要同时扮演好妈妈和妻子两个角色。或许在您的经历中，两个角色是互相促进的，照顾宝宝也不只是在消耗您的力气，相反会给您增添动力。如果您有意识地把照顾宝宝、做好妻子当作生活的调剂，您的工作会变得更有效率，您也会更愿意履行其他方面的责任和义务。

您不要忘记：和宝宝在一起的时间只占了您生活的极小一部分。宝宝很快就会长大。您应该尽情去享受这段时间，不要对宝宝的成长不管不顾。您应该花费心思在母亲和妻子这两个角色间找到平衡点，因为这种兼顾两者的机会在未来会越来越少。

作为母亲的幸福感

作为母亲的幸福感不会随着分娩而自动来临，并不是所有妈妈在怀孕时感觉都一样。有些妈妈徜徉在幸福中，她们可以和肚子里的宝宝有很多互动。而对于另一些妈妈来说，肚子里突然多了个新生命会让她们感到害怕。有一些怀孕的妈妈会很珍爱肚子里的宝宝，但也有妈妈会很敏感，认为他是负担：从前看来理所当然的事情现在却不得不放弃。分娩也是如此，大部分妈妈希望自然分娩，顺利的分娩给妈妈们带来了强大的幸福感。一些母亲在剖腹产手术后会经历一段时间的煎熬，因为她们之前为自然分娩做了太多思想和心理准备，对此抱有太多期待。

开始总是难的，宝宝刚出生的几个月对于妈妈和宝宝来说都是学习期。

在刚分娩后，妈妈们对于休养的需求要远大于对宝宝的好奇，她们在见了宝宝第一面后也没有想象中那么激动，甚至可能感到失望、惊讶。但她们通常不敢把这些心情表达出来，因为原本应该表现出幸福感的。她们在有了孩子后需要做出很多自我牺牲，从属感变强，放弃的事情也变多了。然而年轻妈妈的现实情况则与此相矛盾。她们通常和丈夫一样接受过良好的教育，她们读了中学、大学，在企业工作，她们必须在工作中做出成绩，靠自己的力量站稳脚跟。为此，她们需要有执行力、有目标、有自我意识以及解决冲突的能力。这些能力都是当今职场所需要的并且还需不断提高。如果做了母亲后不想放弃原来的生活，那么这些能力都是必需的。

孩子与工作相互矛盾吗?

即便在今天，兼顾孩子与工作对于妈妈们来说依然很难。托儿所、作业辅导班、寄宿制的幼儿园及中小学的数量还不够。虽然政府发放教育资金，但人们并不能靠此来生活。兼职的工作机会很少，产假使得宝宝的父母不必辞职再就业，但这也减少了年轻妈妈的就业机会。有了宝宝还工作的妈妈常常被认为是狠心的。她们可能会因为工作不能把宝宝照顾得很周全，对此妈妈们会感到内疚。

另一方面，把时间全都投入到宝宝身上对于妈妈们来说似乎更有吸引力。因为即使照顾宝宝比工作更辛苦，它带给人的满足感也是工作不能比的。

困难的转变

宝宝出生后的4个月时间里，您最好可以在家里照顾他。过了这段时间您可以尝试着工作半天。令人遗憾的是，妈妈们很难陪伴宝宝到他上幼儿园的年龄。如果您需要一周工作40小时，那么相应地您的丈夫就需要空出一定的时间照顾宝宝。我们都清楚一点：妈妈们去工作，宝宝们会觉得不适应。但即使如此您仍然可以实现工作的愿望，前提是您的丈夫同意并支持您的决定。您需要丈夫的帮助来减轻自己的负担（详见第244页）。

但您不要有侥幸心理，因为要兼顾工作与宝宝必须有相应的计划。计划视个人情况而定。您可能需要冒点险，但有志者事竟成。我的博士论文就是在我的第一个宝宝出生前后那段时间完成的。在这个宝宝4个月大时，我就又开始工作了。在我孕育另外两个宝宝的时候我仍然坚持工作。当然，如果没有我丈夫的支持这是不可能实现的。那段时间让人很紧张，不过宝宝没有出现任何问题，我的投入是值得的。回想起来我在宝宝刚出生的一段时间里对一切都能应付自如。对妈妈来说，重要的是：在兼顾工作的情况下照顾好宝宝。您的孩子很快就不再需要您的照顾，他们成长得很快。但您也不必有太大压力，确定好目标很重要。

家庭主妇：消失的模式

43%的职业女性，孩子都不足18岁，其中40%是全职的。也就是说，几乎每两个妈妈中就有一个在工作。从这些数字我们可以看出，生了宝宝的母亲大多也不会待在家里。虽然在我们父母那一代，女性常常在家里照顾孩子，但这种模式在慢慢地发生着改变，因为很多年轻人无法承担一人养全家的重担。当最小的孩子上了学，许多年轻妈妈又重新走入职场。但并不是所有妈妈都能重新工作，因为作为母亲和家庭主妇的工作就已经够多了。

家庭主妇——一项全职工作

如果您有多个子女并且全身心地承担着作为母亲、妻子和家庭主妇的责任，那您真会忙得不可开交。孩子能够做的事情还很少，从孩子的爱好到业余活动，从上学到交友，所有事情都需要妈妈操心。各种事情都一股脑地向妈妈袭来。如果妈妈能认真、开心地去处理所有事情就太好了。家庭主妇应该得到社会的支持和关注，但是事实上女性也应该预料到家庭主妇这个称呼会让别人对自己产生同情。男性会因妻子做家庭主妇而感到轻松愉快，然而多年后女性的生活一成不变，男性却不那么在意她们了。因此，进修以及重新工作对女性很重要。她们为家庭而存在，但同时也应该为自己活着。从这个角度出发，您要真正享受在家里照顾宝宝的这段时间。

宝宝的兄弟姐妹和祖父母

相互关爱与相互嫉妒的兄弟姐妹

父母对第一个孩子的感觉很矛盾。一方面，他们很想让孩子有兄弟姐妹做伴，这样他就不会孤单地成长。对于许多父母来说，这甚至是他们要二胎的主要原因。孩子们往往向往与同龄人共同成长。这会使他们对即将到来的弟弟或妹妹很期待，然而弟弟妹妹到来之后他们又不可避免地会有一些失望。另一方面，父母也会对大一点的孩子抱有同情感，他们常常担心弟弟妹妹的到来会让大一点的孩子失去一些关爱，会回想到自己不开心的童年经历。有时候无意间的言语会让大孩子感觉到自己不像以前那么受重视。

那么孩子自己呢？在刚出生的几周里，宝宝对哥哥姐姐和对成人的反应是不一样的。他们与哥哥姐姐有独特的交流方式——反之亦然。原则上来说，那些无约束的、被宠爱的孩子也会爱他的兄弟姐妹。当宝宝开始学会爬行并且侵犯了哥哥姐姐的利益时才会有冲突出现。

哥哥和姐姐通常都会非常喜欢小宝宝，这对您来说无疑是一种帮助。但您也要注意，不要忽略了他们。

对宝宝哥哥姐姐的宽慰

请持积极的态度，注意避免以下错误：

- 请不要向小孩子灌输他们要拥有一个小玩伴的想法。和孩子一起去看望你们刚有宝宝的朋友，让孩子去理解小宝宝的无助，感受他的可爱之处。

- 请不要要求您的孩子照顾和帮助小宝宝，他会觉得自己受到了歧视，被利用了。但是另一方面您要相信他可以与宝宝相处。只有这样他才可以和宝宝建立良好的关系。

- 在哺乳期间，父亲以及孩子的其他亲人（比如祖父母）对大孩子来说是非常重要的。他们应该留出时间来关注大孩子的需求。

- 给大孩子一些特权：在为宝宝哺乳时让他坐在旁边，留出固定的时间给他读故事，晚上睡前抱抱他。

- 大孩子很多时候无法理解为什么小宝宝可以睡在爸妈的卧室，而他要睡在儿童房。您可以在儿童房里放一张婴儿床，来表明小宝宝不久后也会住在那里；或者让大孩子也一起睡在您的床上，但是您必须考虑好是否要他在这里过夜。

• 一个简单实用的方法：在小宝宝出生后以他的名义送给大孩子一份礼物。

如今的祖父母

如今祖父母的形象已有很大变化：年轻，有精力，有工作，并且不像从前一样随时待命。此外他们并不与年轻人住在一起。很多年轻父母会不忍心在日常生活中过多地干扰他们，然而这也并非坏事。

与理想状态相反的是：很多祖父母，尤其是祖母会参与孩子的教育。她们看不惯年轻父母的很多做法，希望年轻父母可以听从于她们，因为她们自己抚养过孩子。事实上这样做并不合适，还会导致角色冲突：母亲或是婆婆无法理解为什么年轻妈妈为宝宝规划的总是与传统的不一致。

探讨自己的童年和自己的母亲也会导致额外的冲突。照顾孩子的同时，对父母的付出也会多一些关注和理解。

对待父母与对待孩子一样：包容

年轻父母对宝宝祖父母的基本原则是：包容。自己退让一些，多些沉默，而不要因他们的不同意见窒息。祖父母参与孩子的抚养对年轻父母来说是一种很大的支持，如果双方观点一致，且不求回报，有了他们的帮助年轻父母可以减轻很多负担。

孩子们也应该清楚，祖父母会教会自己一些他们特有的品质。他们把孙子当作自己的孩子，他们中大多数人已经退休，和孩子的距离让他们觉得在这个不安定的、变幻的世界拥有连续性和安全感。有这样的祖父母，真好！

附加建议

如果祖父母家住得较远，您可以通过定期发送小视频或者孩子的照片的方式来促进他们和孙子、孙女的关系。

怀孕的时候我被视若珍宝，身边人每时每刻都考虑到我的感受；宝宝降生之后，所有的关心都转移到了宝宝的身上。我还要保持着幸福的样子来喂养我的宝宝，但其实此时我是更需要帮助和精神支持的人。

对母亲的建议

您有过这样的抱怨吗?

生第一个孩子是您人生中最重大的一步：孩子的出生使您的生活发生了天翻地覆的变化。您的时间不再由您自己支配，随心所欲的生活宣布结束。睡眠严重不足和激素紊乱让您精疲力竭，您的宝宝对于刚成为母亲的您来说就像是个外星生物。但请放心，只要您快速调整好自己的状态，一切都会好起来。

您有权利变得软弱、爱哭甚至过度敏感。仅靠身边人的理解支持和给予的帮助还不够，您还需要依靠自己。好好地照顾自己，不要觉得这是自私的表现。

在生完孩子的前6周您需要严格地控制好自己，需要每天做康复体操。因为过了这段时间效果就没有那么显著了。度过了疲乏期之后，您的情绪也会变得高涨，身体也会逐渐复原。这一章会向您介绍胸部的训练方法、缓解静脉曲张的练习、护理皮肤及头发的窍门和一些形体训练方法。您可以挑选出对您有帮助并适合您的内容。

如果您能适应宝宝出生后的生活，这对您和您的家人都有好处。

使心理恢复正常

十月怀胎、生产时的痛楚以及孩子目前的状况都会让您的状态变得很糟糕。您就像是一棵刚刚被砍倒的树。每个人对生产过程的看法都不一致。有些女性觉得这是她自己的决定，觉得这是母亲的天性，但也有一些女性非常害怕这个过程，觉得自己受到了逼迫。因此她们很不喜欢谈论生产的过程。

体会生育经历

起初您一定会不断地回想这次生育经历。您可以多和您的亲戚朋友们聊聊这个话题，交流经验。您谈论得越多，您的精神状态就会越好，因为你们都对这个话题感兴趣。已怀孕的朋友也是您很好的听众，但注意不要吓坏她们。当然最重要的还是您的丈夫——前提是他在您身边。

与有过生育经历的女性以及治疗师聊天或许能帮您走出不愉快的分娩经历。

许多女性生完孩子后精神会很亢奋，她们非常想看到自己的孩子。但到了第二天、第三天，这种兴奋的心情慢慢被过度敏感所取代，她们甚至会有抑郁的倾向。这种情绪可能会持续几个月。您需要得到更多的帮助来调整自己的状态，使自己走出这种情绪。这一切都是正常反应，不要觉得这是坏妈妈的表现。

新定位

使您情绪低落的不仅仅是激素，还有与您想象的完全不一样的生活。可能直到此刻您才真正意识到这个宝宝是您一生的责任。宝宝对您的依赖会让您感到压力，您也一定会厌烦这种 24 小时陪伴宝宝的生活。这时您要想想自己的母亲，或者您需要母亲的形象来鼓励一下自己。周边环境也会让您心中不安。您觉得自己成为母亲后，一切都谢幕了，您的未来从此刻开始就是您的孩子。也许周围的环境促使您产生这种想法——当然也有可能是您心中的担忧。

成为母亲并不意味着放弃自我

作为母亲您依然可以保持您的个性、爱好以及您独立的人格。“我就是我”这句朴实的话也适用于母亲。只有经过怀孕、生育和哺乳这几个阶段，您才能消除您和孩子之间的距离。有些母亲会害怕这些阶段，但是您要知道，分娩时的这种极致痛苦您都经受过且安然度过了，这次经历一定会让您变得更强大。如果您留意身边那些孩子稍大一点的妈妈，您会发现，随着岁月的沉淀她们变得越来越能独当一面了。这就是为什么妈妈们在孕育过一个孩子之后格外享受与第二个孩子相处的时光。因为她们知道，与宝宝最亲密的日子是有限的。虽然这样的看法非常理论化，但还是希望它能带给您勇气。更多有关如何胜任母亲角色的内容请参见第 147 页。

注意：

在开始的几个月，您会有一种不真实的感觉，这是正常现象。因为这种转换对您来说太大了。您的生活节奏都已经脱离掌控了。您的一切都必须围绕着宝宝。请您耐心一点，您至少需要一年的时间才有可能恢复到以前的生活。请给自己一点时间。

恢复身体需要时间

在怀孕的最后阶段许多妈妈都以为臃肿的身材会马上消失，因此她们在分娩之后才会特别失望：宝宝已经出生了，可身体却没有太大变化！虽然您在宝宝出生后最初几天会减掉几千克，但这只不过是您体内储藏的水分，那些在您腰上储存的脂肪依然存在。所以您 10 个月前还能穿的牛仔裤现在穿不进去了。此外处在哺乳期的您还会有一对硕大的乳房。剖腹产手术和会阴切开术会留下疤痕，由于细胞的膨胀，在腹部、臀部或胸部还会出现妊娠纹。换言之：您的身体发生了变化。

想要将身材恢复如初可能要花很长一段时间。您的宝宝在您的肚子里只待了 10 个月，但您可能要花更多的时间才能恢复到以前的样子。这些妊娠纹可能要一年之后才会变淡，您的胸部可能要在停止喂奶几个月后才能变得有形。以下这些建议有助于您的产后修复，这是妈妈们的必修课。

注意：

研究表明，哺乳期越长，您的体重恢复得越快。哺乳期需要大量能量，因此也会积累大量脂肪，但为了哺乳身体也为化解这些脂肪做好了准备。

胸部恢复

由于怀孕和哺乳，您的乳房会增大很多。这对您的胸部来说是一种负担，只有通过正确的护理才能使其恢复。

- 即使您以前不适应，也请您在哺乳期间穿戴强力支撑胸部的胸罩，这能预防胸部下垂。
- 不要食用冷的食物，这对您的奶水有影响。也不建议您做剧烈的按摩，因为怀孕使您的皮肤变得很薄、很脆弱。
- 您每天可以用无香型的乳液涂抹胸部（否则香水的残留物会渗入到母乳中）。母乳本身也能起到舒缓的作用。金丝桃油对护理皮肤有很好的功效，还能修复受伤的乳头且不会伤害到宝宝。
- 优美的姿态也会让胸部变得更美。
- 即使轻微的体操训练和游泳也可能会对您的胸部造成过度的压力。请您在哺乳期结束后再做这些练习，即等到您的胸部变轻，没有奶液流出的时候再做。

接受身体的改变

《父母》杂志的一项读者问卷调查表明：有三分之一的新晋爸爸觉得他们的妻子比之前更美丽，更有女人味。二分之一的人觉得他们另一半的魅力没有降低。女性对自己的要求则相对较高：二分之一的女性不满意她们的体重，只有七分之一的女性觉得自己生育后比以前更美，还有六分之一的女性完全不能接受她们身体的变化。女性要改变这种想法！您要清楚，您的身体并不是静止不变的，一生都在发生变化。

注意：

在喂奶前您可以做一些轻微运动，这可以提高母乳中乳清蛋白的含量，但母乳的甜度会降低。有些宝宝会因此而胃口不佳。请您在哺乳期间让他慢慢适应。

运动

在做这些训练时，胸部肌肉为了对抗阻力先紧张后舒张。这样的训练会渐渐使胸部有力量，但乳房本身没有肌肉组织，所以乳房不会因此而变得坚硬。

1. 坐在脚后跟上。请您双手合十放在胸前，用力压紧手掌，保持这样的状态5秒钟，然后放松。重复以上动作5次。

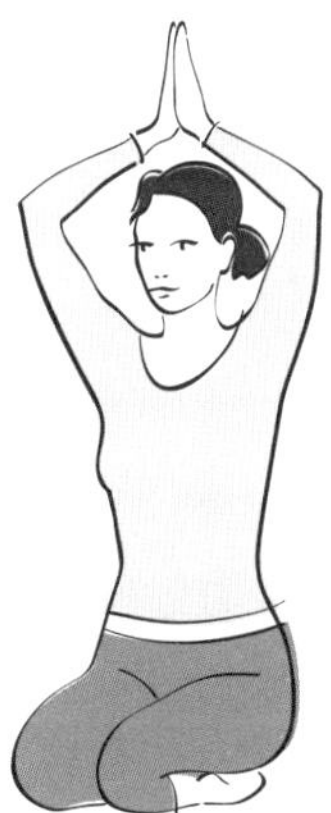

2. 将您的手放在头部，像第一个动作一样压紧手掌5秒钟然后松开。重复以上动作5次。

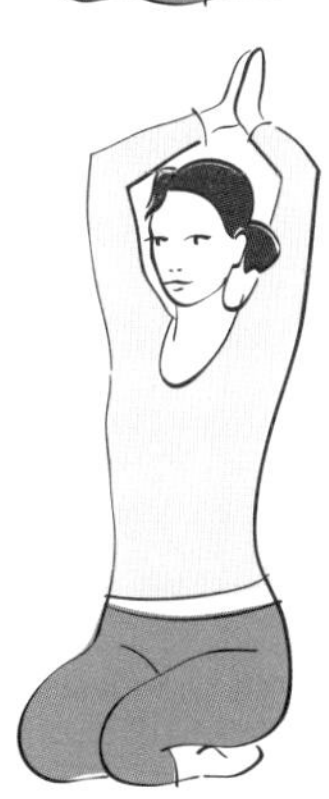

3. 将您的手臂向后压至最大程度，再次压紧手掌5秒然后松开。重复以上动作5次。

4. 将两腿分开站立，膝盖稍弯曲。手臂沿身体两侧张开，前后转动肩膀的关节。重复以上动作10次。

5. 让伸直的手臂在空中画圈，重复做以上动作10次，并保持上半身不动。

断奶之后怎么办

当您的乳房不再分泌乳汁时，您的乳腺会恢复正常。腺组织逐渐萎缩，结缔组织和脂肪组织增多，而皮肤不会快速萎缩，因此乳房会显得松弛，也比以前小。但您不要绝望：通常它们在一年之后就会复原了。定期的训练和护理就足够了——但要切记不要使用特殊膏药和激素。

哺乳会给胸部带来伤害吗

有一些妈妈认为哺乳会对胸部有不良影响，因而不愿为孩子哺乳，丈夫会对此有所抱怨。既然怀孕已经使您的胸部发生变化了，正常的衰老现象无论如何也会在您的胸部留下痕迹，那额外的一点点负担也无所谓了。结缔组织发达的女性完全不用担心，也许怀孕和喂奶还会有助于我们更加了解自己的身体状况。

奇迹会发生：复原体操

分娩后的前几个星期是排除体内积液、减掉小肚子、使松驰肌肉复原的最好时期，但这段时间会很难熬。尽管如此您仍要尝试一下。即使您没有成功也不要放弃，休整之后继续尝试。

腹部运动

您的子宫无论是在生产时，还是在生产之后都发挥着巨大的作用。在分娩后第一个星期它就几乎恢复了。同时，在您怀孕时腹部脂肪层形成的一条长缝会慢慢愈合，您也会减掉几千克。因此您需要在分娩后的第二天就开始做复原练习。由于刚刚分娩不久，在最初的几个星期您不能过分训练您的腹部肌肉，否则长缝会变大。

- 通过一个测试您就会知道您的腹部肌肉是否已经复原：请您从躺着的状态调整为坐着的状态，如果肚脐部位隆起，就说明肌肉还没有复原。

盆骨和腹部肌肉训练

从分娩后第一天开始您就应该训练您的骨盆底肌肉和腹侧肌肉。强化腹部肌肉是为了阻止肌肉与骨骼的分离，使腹壁变得结实。对骨盆底肌肉的训练也同样重要：

这里紧绷的肌肉层像吊床一样向

可以考虑美容手术：

如果过了几年您的胸部还未能恢复，您可以考虑向外科医生求助。但如果您想通过手术修复，必须要深思熟虑，因为做了手术您就不能再做要宝宝的计划了。

下分隔了腹部空间，使内部器官保持在它们原本的位置；由于怀孕和分娩它们发生了萎缩，如果没有持续的训练会导致子宫下垂。

- 在医院，理疗师或助产士会每天向您介绍如何做产后恢复训练。有规律的训练十分有效。在接下来的几页中我们会向您介绍4种最重要的基础训练方式。

- 若您想快速恢复身材，可以每天参照视频教程进行专门的训练，这有很多好处。您不要总想着缩短训练时间，您可以集中精力，音乐也可以让您觉得很快乐。在我做产后训练时，大一点的孩子也非常乐于参与其中。

- 请您在哺乳期结束之后做这些训练，即您的宝宝状态基本稳定且您的乳房不再分泌乳汁时。

- 分娩后前6个星期请您试着每天都做这些练习，这是您给宝宝断奶之后身材恢复的最重要前提。因为每天做一会儿比您每周做一次效果好得多。

4项健身练习

请您在稍硬的垫子上做这些练习，最好是在地毯或者瑜伽垫上。这些练习运动量虽小，但针对性很强：如果您能早晚各做一次，效果会特别明显。

在搬运重物时请注意：

由于激素的影响，我们的组织和盆骨在分娩前后尤其柔软。这使生产过程变得容易，然而却加重了肌肉的负担。

- 在最初的几周里禁止搬运重量超过5千克的物品！

- 不用抱着您的孩子，您可以在沙发上和他们聊聊，或者跪在他们旁边。

- 每次托举时，即使是较轻的物品也要拉动盆骨慢慢起立（参见第166页）。

- 最好使用婴儿背袋，这可以大大减轻您的负担。

对抗腹直肌分离

1. 背朝下平躺，腿弯曲。
2. 将您的肚脐向地面的方向用力，想象着您要让您的肚子变小。

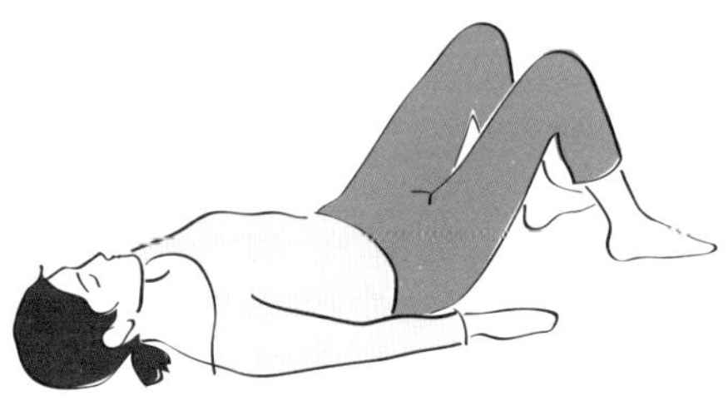

3. 保持这种紧绷的状态1分钟——然后放松。
4. 重复这个练习5次。

针对腹侧肌肉

1. 平躺，腿部弯曲，将手放在后脑勺上。
2. 收腹，同时将您的右脚踝放在您的左膝上。

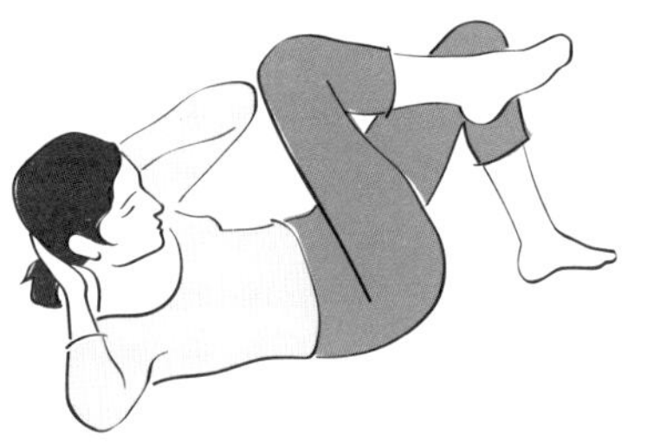

3. 放松并深呼吸，然后将您的左脚踝放在您的右膝上，同时呼气。
4. 重复两次。

针对盆骨的练习

1. 平躺，腿部弯曲，双手放在后脑勺上。
2. 抬起盆骨，停住，再放下。（从第三个星期开始，抬起盆骨的同时转圈。）

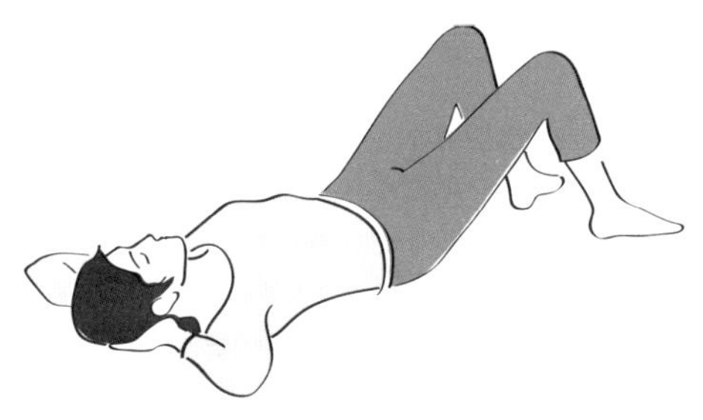

3. 重复5—10次。

盆骨训练

- 无论您站着或是坐着，都要有意识地收紧骨盆底肌肉，就像您为预备生产时做的那样：1—2—3—4，然后放松。
- 对所有骨盆底肌肉有问题的人来说，有一个非常好的练习：在排尿时反复中断尿液。

注意：

若腹直肌分离状况严重，而且在分娩两个星期之后依然没有改善，您就需要请医生为您安排理疗。只要您有需求，医生可以为您提供12个训练单元。

失禁

如果在咳嗽或者慢跑过程中有尿液排出，这是因为骨盆底肌肉尚未恢复。

三位母亲中就会有一位母亲出现这种小便失禁的现象，因为妊娠和分娩时对骨盆底肌肉造成了压力。剖腹产的女性也会有这种现象，通常一周之后就会有所改善，但也有一些人一直都会有这个问题。对此，骨盆底肌肉训练会大有帮助，但前提是您要坚持不懈地训练。如果仍然没有改善的话，请咨询妇科医生。

预防脊椎酸痛

怀孕已经对您的脊椎产生了压力，如果在照顾宝宝的过程中不注意姿势，则会让您的脊椎受到更大的伤害，产生脊椎酸痛。这些建议可以帮助您在日常生活和照顾宝宝时预防颈椎酸痛：

- 给宝宝换尿布的桌面应该足够高，这样您就不用弯腰。桌面的高度最好要达到当您的脚交替抬高时，可以用手肘支撑的要求。
- 注意，在您哺乳时请保持放松的姿势：双脚在地板上或者脚凳上略分开，坐直身体——脖子和臀部成一条线。若能放一个枕头在腰部则更好。在柔软的沙发上放一个椅垫也会让您更加舒服。
- 您的宝宝还很小时，您可以把婴儿床调高一些。当宝宝大一点时，出于安全考虑床面尽可能离地面近一点。
- 如果您抱孩子的时候想把孩子举高一点，请借助膝盖弯曲的力量，保持您的躯干挺直并微微下蹲。
- 如果必须站着，请让宝宝坐在您身上（参见第56页），您可以尝试着一条腿抬高（可以借助于楼梯平台、路边石头或者脚蹬）。
- 腹肌的加强（参见第160页）也可以减轻您的腰部负荷。

如何缓解产后静脉曲张

分娩后，您还可能会患上静脉曲张。这时候肌肉组织还很脆弱，静脉在分娩后变得松弛。因此您需要在分娩后的前几个星期不间断地穿紧身裤袜。最好把脚抬高而不是总坐着，出门也尽可能步行。下面是缓解静脉曲张的两个练习动作：

- 平躺在一块坚硬的垫子上，轮流抬高两条腿并伸直，最后慢慢地360度转动脚腕。

- 如果您的腹部肌肉还很僵硬，您需要先做如下练习：首先也是平躺，再将两腿伸直做骑车动作，刚开始可先做2分钟，熟练后可以做5分钟。

痔疮

每三个年轻妈妈或者孕期妈妈中就有一个患有直肠疾病，但并不是皮肤发痒和火辣辣的疼痛都意味着是痔疮。多做运动，食用流质食物和富含植物纤维的食物都可以缓解直肠疼痛，保健也很重要。要避免使用潮湿的厕纸，因为它们可能会引起过敏和发炎。半身浴以及用冷水洗澡也会有缓解的效果。您可以向医生或助产士要一些减轻疼痛的药膏。

兼顾宝宝与运动不成问题

在哺乳期间，您不应该过度疲劳，这可能会让宝宝没有胃口（参见第156页）。但是活动身体和简单的体育运动会促进乳汁的形成，并能改善您的健康状态。

通过运动您可以重新很好地控制自己的身体。如果您在运动中能同时抒发一下自己的情绪，您的神经系统也会受益。

恢复身材

- 游泳对恢复身材大有裨益。但您必须要等到子宫恶露排完才能开始游泳。泳池的水越暖越好。

  另外，仰泳对您的胸部、骨盆和腰骶部特别有好处。

- 在户外慢跑会改善您的循环系统机能。您不能像袋鼠一样随身带着宝宝，您可以使用婴儿慢跑车，这种拉车专为宝宝设计，宝宝可以坐在里面。或许找一个婴儿保姆对您来说也是个不错的选择。

- 推着婴儿车或者用婴儿背篮带着宝宝散步是最简单的运动方式。这对宝宝来说也非常有益。

- 骑自行车会给您带来乐趣，会让每天的生活变得简单，并让人保持精力充沛。骑行婴儿车很实用，但它们的规格和价钱差距很大。有些婴儿车里可以安装汽车安全座椅，大一点的宝宝可以坐在里面玩耍。如果决定带上宝宝，您需要在远离机动车道的专用自行车道上骑车，还要注意天气的冷热以及阳光是否强烈（参见第71页）。

只有真正非常熟练的骑自行车好手才能在骑车的时候把宝宝结实地绑在背上，因为摔跤会引起很严重的后果。宝宝到了两周岁可以很稳定地坐着时，您可以在自行车后座上安装一个儿童座椅。要特别注意座椅的靠背、脚蹬以及安全带的稳固度和舒适度。

- 体操、跳舞、伸展运动等简单的健身运动做起来都让人很舒服，尤其是当您需要恢复身体时。有氧运动、嘻哈或爵士舞蹈由于要求体力较多，在分娩后的前几个月内并不适合您。

对皮肤有帮助

在怀孕期间，由于激素水平较高以及水分的充足储存，女性的皮肤状态都很好。在这一阶段，她们的头发长得也特别浓密。此外，孕期的女性特别注重饮食和营养，这对她们的容貌也有好处。

分娩后，皮肤水分减少，不充足的睡眠、不规律的饮食对妈妈们产生了不利影响。当然，她们没有太多时间照顾自己，只能抽空来护理身体，比如淋浴、哺乳时或上床睡觉前。这对身体产生的是长期的影响，并非暂时性的。

有效的护理

- 每天喝一些能让自己变美的饮品。

富含维生素的混合饮料

将0.1升胡萝卜汁、0.1升橙汁、1茶匙麦芽、1茶匙蜂蜜和2茶匙酵母（改良食品商店出售）混合。

最好在哺乳时小口慢慢喝掉。

- 家里要有充足的新鲜水果和蔬菜，最好生吃一部分（对哺乳有益的水果参见第102页）。
- 在淋浴前用丝瓜手套进行按摩能够刺激供血，但胸部不适合按摩，对柔软的腹部的按摩力度也要小。
- 冷热水交替沐浴，冷水淋浴时要避开胸部。

• 如果皮肤干燥，可以每天用10%浓度的薰衣草或蜂花精油按摩皮肤。精油的香气还能产生安神助眠的作用。

• 如果皮肤松弛无光泽，可以每两周去一次死皮，去美容院或在自己家里做都可以。选择改良商品店里的护肤品，或自制护肤品：将一小包面包酵母加入牛奶搅拌成糊状，敷在脸上，干了之后用手擦去，再用清水洗净。

附加建议：

喂奶时是最放松的时刻：一周内可以在哺乳前敷上一两次面膜，但不要太白（以免吓到孩子）。您可以使用一些价格实惠且没有浓郁香味的化妆品。这里有自制面膜秘方：将3汤勺麦芽油（药店出售）加入二分之一茶勺啤酒酵母、3汤勺燕麦粉、二分之一茶勺胡萝卜汁搅拌在一起，敷在脸上——避开眼部。您可以在喂奶时敷上，喂完之后再用温水洗去。在时间不紧张的情况下您可以涂抹一层厚厚的晚霜来充当面膜。

头发需要特殊护理

头发也会受到激素变化的影响：在刚断奶时，您的头发会大量脱落。不用担心，也不用采取任何措施，等激素水平稳定之后，头发会再长出来。美颜饮料（参见第163页）对头发也有益。

• 多吃小米。小米粉是一种非常好的食品，可以购买小米粉做成的面条。在做面包和派时也可以用小米粉来代替燕麦粉。小米粉您也可以用小米自己磨。

• 在您的麦芽咖啡或脱脂牛奶里加入明胶（药店出售）也会对您的头发有益处。

• 每次洗完头发后将护发精华乳涂抹在干发梢上，然后晾干头发。长期这样做可以保护您的头发。

• 酸性的水也会为头发带来光泽：将两汤勺苹果醋放入一碗清水中，洗完头发后倒在头发上，再用清水洗净。

• 短发不容易掉发。如果您的头发到肩膀的位置，您就不必再剪了。没时间洗头时，您可以把它扎起来。

体重

在分娩后的最初几天，体重由于

脱水轻而易举就能下降几千克，但当您开始哺乳时，您就不应该继续减肥了。因为当脂肪组织溶解时，堆积在脂肪中的有毒物质会进入母乳中。在这段时间里，您不要节食，可以做一些体操。适量的运动虽然不会让您减轻体重，但能让您的身体更加结实。当您的宝宝只需要喂一顿奶时，您就可以开始减肥了——假如您真的认为自己很胖的话。由于激素的变化，您的身体做好了充分的准备去溶解脂肪组织。不需要超常规疗法或过度节食，因为您在这段不稳定时期几乎不可能坚持下去。最好遵守一些简单的规则，这样才能成功。

减肥

- 饮食要均衡。丰富的水果和蔬菜——每天 5 份。此外还需要全麦面包和麦片，适量的肉、鸡蛋、奶制品和鱼，少量面粉、糖和油脂。
- 千万不能吃富含脂肪或糖分的食物，比如巧克力、蛋糕、饼干或其他甜品，以及即食食品。
- 请在固定的三餐时间吃饱，但不要在三餐期间食用热量高的食物，这样体重才会下降。如果在此期间饿了的话就吃水果或蔬菜。
- 注意，把孩子吃剩下的食物放在调味汁或汤里，或者干脆扔掉。不要自己将它们吃掉。
- 家里不要存放巧克力或脂肪丰富的食品。可以准备一些水果、蔬菜和酸奶放在家里。
- 喝矿泉水或经过多次稀释的果汁。果汁、咖啡或茶最好不要加糖，可以用牛奶代替奶油。饮料里通常含有大量热量。

如何放松

照顾宝宝几个月您就已经精疲力竭了。每次听到水龙头里的流水声，您都会以为宝宝在哭。让自己放松是一个时间问题——您要学习如何为自己赢得时间。

- 喂奶的时候尽量躺着。这样就可以多躺 5 分钟，直到您的孩子打嗝。如果您的丈夫、母亲、婆婆或女性朋友在您身边，那就再躺 15 分钟吧。喝上一杯催乳茶（药店有售）。将包裹孩子和照顾孩子的活交给其他人吧。

• 若您找不到休息的时间，就做吐纳练习。这个练习您在为分娩做准备时已学习过。

放松的吐纳练习

一个吐纳疗法的小练习，这个练习您在预备分娩阶段就已经了解了：

平躺：

1. 平躺在地上，双手轻轻放在腹部。
2. 深长而缓慢地呼吸，将气流送至腹部，直至您的手没有被推出的感觉。
3. 匀速缓慢地呼出气流。

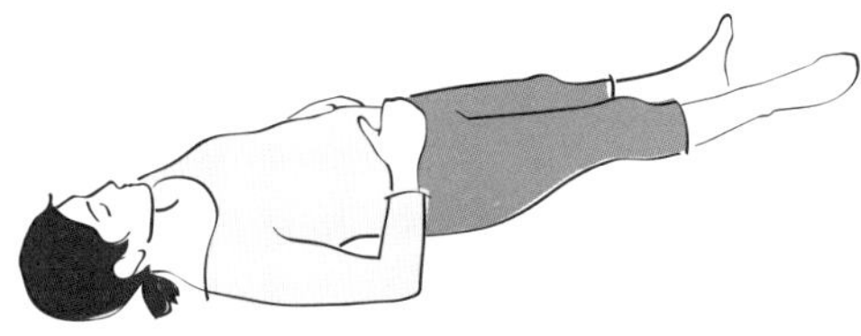

坐着：

就像在游乐场、书桌旁和火车上一样：

1. 将两腿分开，背部弯曲，将手肘放在膝盖上——这就是所谓的马车夫姿势。
2. 深吸一口气，将气流送至背部，肩膀同时向后移，背部挺直。
3. 在呼气的时候，肩膀往前压，背部又回到弯曲的状态。

更多放松的方法

• 有许多非常美妙的舒缓音乐，还有教您自我催眠的光盘，您可以在网上查找并下载到您的音乐播放设备上。

• 请试着有意识地让自己放松下来。在喂奶时、开车时，从您的嘴部动作您就可以感知自己此时是否放松：您的舌头是否柔软？您的双唇是否微微开启？您下巴的肌肉是否放松？

• 宝宝睡觉时您最好也休息片刻。您不必再遵循以前的作息时间。把门铃关掉，把电话的语音信箱打开。

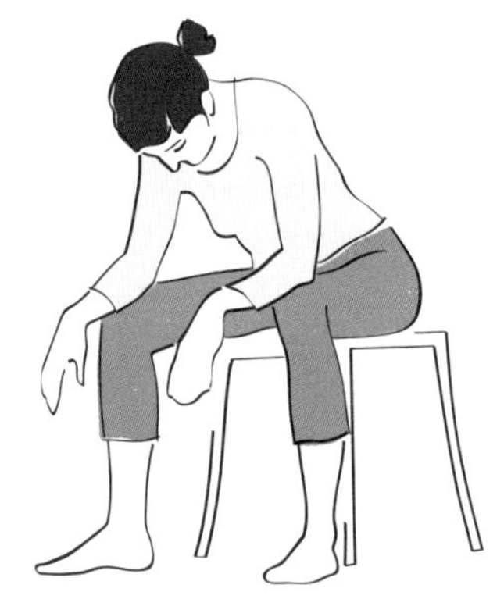

最好能持续睡觉

您最大的问题大概就是没有整夜的睡眠。在哺乳期这种现象在所难免，但是您可以尽量避免夜间被打扰。

让您的孩子睡在您的房间，这样的话你们的距离就不会很远。

- 晚上不用像白天一样做那么多。除了喂奶和包裹宝宝，在夜里您什么也不用做。
- 您的丈夫也可以负责包裹宝宝，这样您就能在喂奶的时候继续睡了。如果他不是每次都能帮您忙的话，那您就让他偶尔做做吧。
- 当您做好充足的安排，您的宝宝会长得很好。距离最后一餐不超过3小时的话或许您的丈夫可以安抚孩子并延迟喂奶时间。让您一次睡6个小时的话，您会一整周都有力气。

给自己找时间

对于职业女性来说，和宝宝在一起的新生活会特别难以应付。宝宝的出生完全打乱了您从前的生活节奏。

您必须放下过去的思维模式，学会变通，这样才能让您的生活渐渐步入正轨——但是慢慢来，不要急于求成。

- 不久之后您就会清楚，一天之中什么时候您的宝宝是不哭闹的。

请您不要试图做家务。您要利用好您的时间——休息、做体操、打电话或吃东西，之后您才能更好地去履行您的义务。

- 如果宝宝的祖母或其他亲人能够帮忙照顾孩子，您就可以把这些空出来的时间全部用来做自己的事了。您要对他们表示感谢，并认识到他们在帮助您。休息调养固然重要，但您也有义务承担一些家务。
- 养成给自己保留一些时间的习惯，这对您目前的生活有好处。不要说：这没什么用。对您来说这是很容易做到的事情，请马上开始吧。
- 您要学会变通，尽可能给自己少安排固定的活动。不要制订一些自己必须要完成的计划。给自己制订一个模糊的周计划，利用好时间。
- 如果您的丈夫能照顾宝宝，您就可以做自己的事情了。或者当您在做恢复训练时，请您的丈夫照顾孩子——最好可以让他从中感受到快乐。

宝宝如何成长

1周岁宝宝的成长过程是惊人的：他们从一个无助的小生命成长为一个会爬行的小朋友，自己去探索世界。

这一章会帮助您了解宝宝的成长过程，开心地陪伴他成长。

宝宝在1周岁期间就掌握了生命所需要的基本能力：他学会了吃、喝、抓取和放开东西、坐直和向前移动。这一章主要介绍宝宝的新能力。

宝宝1周岁时的惊人变化

宝宝的成长并非瞬间完成，也不是按计划进行，所以我们有关“宝宝能力”的介绍也有一定的局限性。每个孩子都有很大差异，随着年龄的增长，差异也会越来越大。

当然，您并不能按照自己的计划把宝宝培养成一个神童，他的成长速度由他自己决定。但是您可以为他提供最好的成长条件，前提是您要给予宝宝很多爱、关注和时间。

在“对宝宝的激励”这个主题下您会找到很多适合宝宝玩的玩具和游戏。您都可以参与到游戏中，这样做可以促进宝宝的成长。您带宝宝玩的这些玩具和游戏应该简单易行，缓慢进行，同时也要不断地重复。您可以自己让宝宝来主导游戏过程，这样您和宝宝之间就可以自然而然地开展游戏。

不要让您和宝宝处于比赛的压力之下：日常生活中的声音和容貌，宝宝的倾听、观察、感受，在宝宝出生的最初几个月对其成长都非常有利。和家人共处会让您的宝宝成长得更快。请您相信：宝宝都有很强的学习欲望。

选择玩具

宝宝通过玩具来了解他的世界：不同的形状、颜色和材质会激发他的感官，会将他带向发现之旅，并给他带来惊奇的体验。不断地重复会提高学习的效果。

重要的是：玩具要符合宝宝的成长阶段，并且要安全。

禁忌：所有宝宝会吞掉（弹珠、积木）、会被缠住（珠链、带子）的东西。材质应该是可以咬的，所以不能选择橡胶、黏土、制型纸或类似的物品。

玩具的漆和涂料必须无毒且不褪色，不应有尖锐的边和角、起球的表面和尖端。请选择可清洗的毛绒玩具。此外，不必选择昂贵的玩具，家里的物品，如锅、木勺和旧杂志也会给孩子带来乐趣。

PEKIP

PEKIP（布拉格亲子项目）能够促进孩子的游戏能力。这种每周一次的集会能激发孩子进行适合自己成长阶段的活动的兴趣。

每个小组都由受过专业培训的技师带领。他们指导家长如何和孩子共同完成项目，并使孩子明白父母是他们成长的最大支持，加强孩子与父母的关系。

从宝宝第4周开始，您就可以和宝宝参加PEKIP项目了。每个小组都有6—8个成年人带着他们的宝宝。

尝试新的游戏。在整个过程中孩子都不需要穿衣服。因为没有衣服孩子感觉最舒服，也更积极，并且有更大的活动自由。作为孩子的游戏伙伴，您会有很多与他交流的时间，并了解他的需求。特别小的宝宝在游戏一段时间之后就需要休息一下并喝奶。母亲随时可以带孩子离开，游戏是没有负担的。

不到半岁宝宝的游戏和父母之间有密切的联系。大于半岁的宝宝开始去感受环境，慢慢地学会释放。PEKIP是一个注册品牌，受到法律的保护。更多信息请查询：www.pekip.de。

1—4个月的宝宝

在开始的 5 个月里宝宝的身高会增加四分之一，体重几乎可以达到他出生时的二倍，皮肤会变为粉红色且更加结实，身体变得圆润丰满。

他的活动变得越来越有针对性：他会抓取玩具，控制自己的头部，发出声音，对着您笑。这些成长在所有感官的共同作用下完成。

您的宝宝还是个婴儿，现在还不能自己拿着勺子吃饭。

通常到 4 个月大时他就有了自己的节奏，已经可以连续睡觉了。

没人能抗拒宝宝的微笑。

这么大的宝宝能做什么

听和看

与其宝宝两岁时才训练他，不如在他刚刚出生就开始做相关方面的训练。三四个月时宝宝又有新的进步，主要是已经可以将图片和声音联系起来。他的视力会迅速发展：他能看见一些模糊的影像，也能区分开每个人的容貌。在第 1 周的时候宝宝还不能完全控制他的双眼，常出现斜眼和远望。3 个月的时候宝宝的眼部活动会稳定下来。开始的时候为了看见物体他必须盯着看，需要 25 厘米的可见距离。第 4 个月末的时候他的视线不仅能跟随这个距离内的物体移动，还能观察离他较远或是向他移动的物体。听到的声音也会帮助他识别熟悉的容貌。

行动更有针对性

他运动方面的成长也从这时开始。他的很多先天性反射（参见第 15 页）已经消失了。孩子的身体可以全部展开，身体的姿势也有了诸多变化。两个月大的孩子可以张开小手抓取物体，但却不会放开。他只能将头部抬起几秒钟。3个月时，他可以学会在整个身体不动的情况下移动身体的某个部分。这样他就可以翻身了，会更好地抓住物品。他把自己的手当作玩具，观察它，吸吮它，也抓取其他的物品。快5个月时他就可以有目标地抓住物体，但是无法抓紧。由于可以更好地控制身体，活动对他来说变得轻松了：他可以将头部转动90度，坐着的时候也能控制头部。

刺激宝宝成长

此时宝宝还是很笨拙的。快5个月时他已可以将环境进行分类，用手做事。他的身体可以有所动作，但却无法让自己移动。游戏很重要，游戏时可以将玩具放入他的手里，轻柔地按摩他的身体，或者在游泳时扶住他。

他还是需要很多安静时刻（比如睡眠）来记忆那些新的事物。

抓取和握紧

孩子玩时最好让他处于仰卧的状态，这个姿势可以让他拥有最大的视角，双臂也更加自由。他大部分时间还是躺在床上，他的抓取技巧会变得更好：开始慢慢地去抓取物体。

4个月大时宝宝可以紧紧地抓住他的玩具不松开。

两个月时您就可以将玩具放进他的手里，这些玩具他现在就会很好地抓紧。最好是可以发出声音的轻巧的玩具，如摇鼓、带有铃铛或拨浪鼓的绒质动物玩偶。当孩子发现通过他的动作能产生声音时，他会为此而兴奋。宝宝3个月大时可以在他的小床上邻近手边的位置拉紧一个玩具秋千——一条每一端都挂着小鼓和珠子的绳子。他可以抓住这些东西，让它们移动并发出声音。4个月大的宝宝开始了真正的抓取。您可以在他的床上安装一个固定的玩具，让他随时可以抓到。

附加建议：

您可以为宝宝唱歌，您的声音是任何CD都无法代替的。这些音乐可以起到抚慰宝宝的作用，音乐的节拍和心跳的节拍一致——这种节奏宝宝在母体中时就已识得。古典的儿歌就属于这类音乐。您可以将这些歌曲和特定的行为联系起来，如入睡、做饭或是亲吻——这会给孩子安全感，使他安静下来。

您也可以递给他一些东西。木质的小动物也会产生一些声响。

音乐，使孩子平静

随着听力的发展，孩子会越来越受到音乐的感染。柔软的八音盒是每个孩子的基本配备。您可以在日常生活中播放音乐，让他形成一种习惯。您可以在宝宝入睡或吃饭时播放，不断重复的旋律会使孩子的生活变得有规律。相反，若是比八音盒复杂的玩具会使孩子迷惑。最多只能在车里或是儿童车上有一个特殊的“在路上的旋律”。但是不要只通过机器来播放音乐：对于孩子来说没有任何声音比您的声音更美好。可以根据他的情绪在他面前唱开心的、平静的和抚慰他的歌曲。歌曲的数量不宜过多，这样宝宝会识别出这些歌曲，从而加强您对他的影响。

给宝宝按摩

妇科医生、接生大夫弗雷德里克·勒博耶使这项古老的印度艺术在欧洲流行起来。这种轻柔的、充满感情的抚摸可以刺激肌肉组织和血液循环，同时有放松的作用。在做过一些练习后，您可以通过手部动作使孩子安静下来，甚至可以通过按摩祛除孩子的腹痛。在孩子刚刚开始伸展身体、可以控制自己行为的时候，按摩可以帮助宝宝更好地感知自己的身体。

注意：

只有当您确定每天能保证15分钟的按摩时间时才能开始按摩。因为宝宝只有通过每天的重复行为才能形成认知。

- 最好准备一本按摩的指导书或

者可以在医生处参加相关的培训。(地址可在当地医疗机构、家庭教育场所或是从儿科医生和其他母亲处获悉。)

• 提前将手法默记下来，这样可以使您集中精力在孩子身上。

当宝宝靠在您腿上时，这种交流最为亲密。您可以坐在地上，背部斜靠着。

• 您也可以将孩子放在儿童五斗橱上或者地上进行按摩。

• 将孩子的衣服脱掉。请确保室内温度为25—26℃。夏天可以进行室外按摩，但是请做好防风措施，也不要直接将宝宝暴露在阳光下。

• 很多宝宝开始时不习惯赤身裸体和第一次按摩，会有不自觉的排尿。为了不让宝宝尿在您的怀里，保险起见，您可以准备一块尿布，或者放置一块厚手绢。

• 请使用中性的婴儿油（普通的、最好不含香精的护理精油）或者专用的宝宝按摩精油。将精油在双手间摩擦至发热，这样精油在接触宝宝时会让他感觉舒适。

• 如果您的孩子不喜欢按摩，请不要马上放弃。他可能困了、饿了，也可能是吃得太多。也许他对这种新情况感到害怕。请您继续抚摸他，给他唱歌，和他说话，这样他会慢慢地放松下来。如果您的孩子不断哭闹，那么请停下来，抱起他，以后再进行尝试。

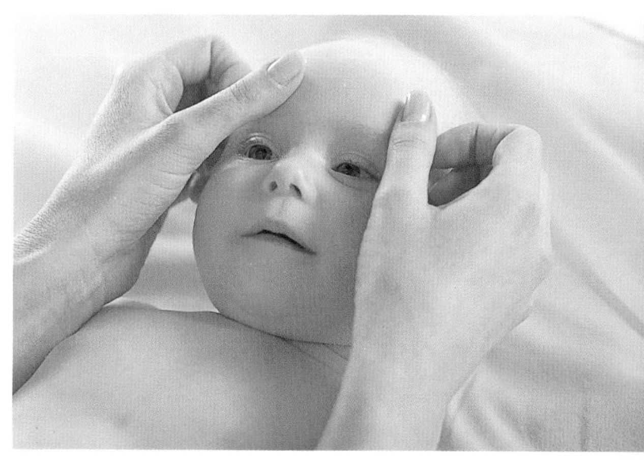

按摩是您与宝宝间的一场不需要语言的对话。

游泳对宝宝健康的重要性

孩子最早3岁时就可以真正学会游泳。小宝宝的游泳更确切地说是在水里的活动，可以和父母一起进行。在地面上很笨拙的宝宝因为浮力在水中会变得很灵活。参加游泳课程并不意味着期待宝宝成为游泳健将或跳跃式的成长。

如果您想让宝宝参加游泳课程，在宝宝3—6个月大的时候就可以进行了。因为这时的宝宝会有“呼吸防护反应”。当他的嘴和鼻子在水里时，呼吸道会关闭，这样水便不会进入肺部。这种反应到宝宝9个月大时便会自动消失。我们更愿意称游泳为宝宝的“水中体操”，它不仅可以促进血液循环和运动技能发展，还会给宝宝带来乐趣。

如果宝宝呼吸道易感染，那么建议您尽量放弃游泳。

注意：

游泳的前提：

- 宝宝是健康的，呼吸道没有堵塞。宝宝已能够控制自己的头部。他必须有吞咽、打喷嚏和咳嗽的反射。
- 水的温度至少为32℃，并且是可饮用水。宝宝在水中玩耍的时间不能超过10分钟。

4—8个月的宝宝

此时宝宝并不像前几个月时成长那么快，体重增长也比较缓慢。他会变得越来越活跃：8个月时他可以准确地控制自己的头部；如果空间够用，他可以在整个房间里翻滚；可以短时间内自己坐立。同时，宝宝看见物体和抓取物体的能力也已经成熟。现在他已经懂得白天晚上的规律，所以慢慢地您的夜晚也会回归平静。

这么大的宝宝能做什么

听和看

宝宝8个月时便会展现出卓越的听觉。哪里有他感兴趣的声音，他的头部就会向那个方向转动。

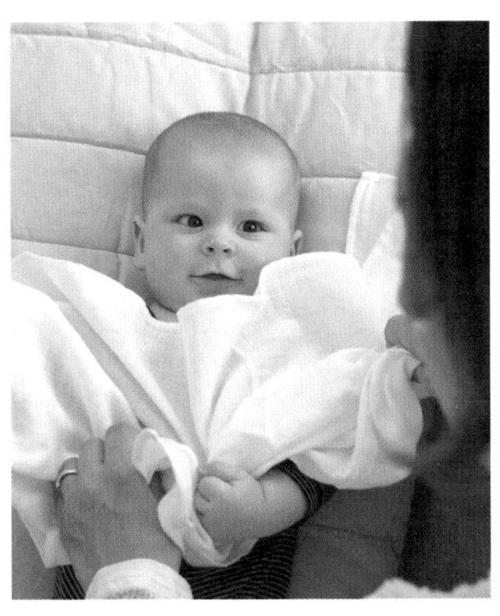

您现在已经可以用浴巾和他玩躲猫猫的游戏了（参见第178页）。

他的视力越来越好，也可以判定距离。他甚至已经可以看电视了。但是您最好不让他过早看电视，因为他无法完全承受快速的连续画面和内容。

宝宝已经对颜色有了印象。识别能力的提高和视野范围的扩大在“求助：宝宝怕生怎么办”这部分中有详细描述。现在的宝宝已能够识别环境和他熟悉的面孔，所以他能认出陌生的事物并拒绝（参见第188页）。

此时他还无法站立，但是很快就会爬了。

宝宝慢慢变得灵活

5个月大的宝宝已经可以翻身。他会用两只手来抓取玩具，将双手同时放到胸前，俯卧的时候他会用双臂撑起身体。6个月大时他在俯卧时会做游泳的动作，将头部转向不同的方向，把自己的脚和整个身体当作玩具。他不仅已学会抓取物体，也学会了如何放下：这是一个很大的进步。因为他已经可以控制头部保持坐立的姿势，所以最晚在宝宝6个月时您就可以用勺子为宝宝喂食了。这时他的吸吮反射已经退化，所以可以使用勺子了。然而他的吸吮需求仍很大，他会吸吮奶嘴或自己的手指。

开始爬行

7个月时他会经常做翻身的动作，做一个小小的俯卧撑，想要移动，但却总是无法成功。他能够双手同时抓取物体。8个月时他会尝试着用爬行的方式向前移动，但也总是无法成功。更有效的方法是，以自己的身体为中心翻滚。他坐得相对比较稳定了，但也会摔倒，有时也会自己坐起来。

刺激宝宝成长

即使您的宝宝已经可以坐起来，最好的玩耍姿势还是躺着或是趴着，因为这样他比较独立，也可以更自由地活动。请不要把宝宝放在跷跷板或是婴儿椅上，而是应该将他放置在爬行垫或婴儿围栏内。

有趣的响纸和酸奶杯

宝宝对新玩具的需求并不多。因为宝宝只是简单地将玩具从一只手换到另一只手，所以您在选择玩具时，应尽量选择较轻的玩具，这样宝宝的小手控制起来比较容易。给他尝试不同材质的玩具，如毛线球、皮手套、响纸、空的酸奶杯或是指甲刷，这些都比他已熟悉的拨浪鼓要更使他感兴趣。水球或是固定的气球宝宝也很喜欢。塑料材质的“淘气宝”非常实用，很多游戏被整合放置到一起，这样每个玩具的零件便不会丢失。

在您的启发下宝宝会发现玩具的新玩法。

把父母当作玩具

这个时期宝宝的视力越来越好，所以对脸部的识别就越来越重要。一面不会碎的小镜子可能成为宝宝最喜爱的玩具，然而父母的面孔仍是宝宝最好的玩具。做鬼脸和躲猫猫（将一块布放在宝宝脸上,然后喊“看呀看呀”再将布拿走）会让孩子很开心，同时他也会试着模仿您。通过手部动作表演的童谣和儿歌，都会使您的宝宝更加兴奋。如果您不记得儿时的那些歌谣,请在书店买一本。书中不仅有文章，还有手指动作详解。

宝宝现在可以很稳当地坐着玩一些游戏了，比如说飞机抱、“骑大马”、荡秋千和坐肩膀：所有这些运动都可以促进宝宝平衡力的发展。

注意：

请重视宝宝的反抗行为：如果他转过了头，吐着舌头或者生气地大声叫嚷，那么请让他休息一会儿。

8—12个月的宝宝

宝宝快1岁时会变得越来越活跃，这时应该确保房间的布置不会伤到宝宝（参见第250页）。有些宝宝在最后的4个月中会有巨大的变化，他们可以从爬的阶段直接过渡到走路阶段。

给爸爸们的特别建议

对于孩子来说，父亲扮演着和母亲不同的角色：他们体型更魁梧，更勇敢，更有劲头。父亲对于孩子很重要——他们给了孩子全新的、不一样的感觉。转圈和在空中飞的游戏会让宝宝肚子发痒，他的欢呼声也显示了他对这种游戏的喜爱。无论是在水中第一次尝试行走，或者在草地上爬行，您都可以唤醒他发现的喜悦，激发他的自信。这种支持会使他变得独立。

这么大的宝宝能做什么

宝宝的视线变得更加清晰：1岁时他的视力已达到成人水平。他可以发现地毯上最细小的碎屑，也越来越重视空间的状况，如上面、下面、里面、外面等。虽然他在前几个月已经有很好的听觉，但是从这个时期开始他才理解语言的意思。

爬行

9个月时，宝宝可以做到采取俯卧姿势用双臂向前爬行，开始时总会倒退，之后会越来越好，可以向前行进。他的动作会越来越熟练。他不只会用大拇指和手掌来抓取东西，也可以用大拇指和其他的手指（尤其是食指）抓东西。

10个月时他可以从俯卧的姿势改为坐立。他会手脚并用，但会前后摇

晃——这是爬行的最初练习。他可以扶着家具站起来。抓取物体也有一些差异：小的物体他会用拇指和食指捏起来，他会用双手拍打物体，也会出于兴趣将能抓到的所有东西都向外扔。

坐得更稳，行走的第一步

11 个月时他的能力已经有很大进步。他已经可以坐立，而且能够独立地坐得很好了。12 个月时宝宝站立的愿望会更加强烈，大多数宝宝可以歪歪扭扭地走几步。

宝宝现在已经能很准确地抓取物体，他很喜欢将小的物体向外扔。他会将物品放到他的伙伴的手里。他可以自己用杯子喝水，也会用勺子吃东西。两岁开始他会变得非常灵活机敏。

刺激宝宝成长

活动范围的扩大

请将所有会伤到宝宝的物品和您挂着的物品放到宝宝够不到的地方。但是宝宝喜欢，也应该让他在力所能及的范围内去发现、探索、尝试，所以请将玩具以及比较合适的日常生活

一个电话玩具可以使您的电话免于成为试验品。

用品散扔在地上和爬行毯上。带盖子的旧锅、木勺、蛋匙、空杯子、塑料盒、打蛋器、厚布等物品都比普通的玩具更让孩子兴奋。

注意：

如果您觉得您的宝宝视力不是很好，请向儿科医生说明：及时的治疗会提高治愈眼部疾病的概率，听力也一样。现在也有出售适合宝宝使用的眼镜和助听器。因为这些疾病不会自行治愈，它们会损害其他身体机能的发展。宝宝如果听力不好，就不能学习说话；如果视力不好，移动和抓取物体都会有问题。

声音、动作和音乐

重量轻的积木、杯子、儿童玩的安全小汽车和可丢掷的玩具都是正确的选择。一个可以拉动的玩具，拉动的时候会移动并发出声响，会给宝宝带来很大的乐趣。有发条、可移动的会发出声音的动物玩具和毛绒玩具宝宝会很喜欢。宝宝现在会非常喜欢研究玩具娃娃，但请您不要选择太复杂的玩具。

最美好的游戏莫过于与父母玩耍

宝宝现在很喜欢模仿，所以与大人之间的互动玩耍对于宝宝来说越来越重要。简单的手势游戏，如“我多大啦”和“烤啊烤面包”宝宝不仅被动地接受，还会主动去模仿。宝宝开始时很喜欢将物体扔出去，然后再次拾起它。在1岁左右的时候他会喜欢把物品抓在手里。他的运动能力现在已经很好了，您可以给他一些专门为宝宝设计的简单乐器，如钟琴、口琴、三角铁、响钟、摇鼓。当他第一次发现如何使乐器发出响声时他会很激动。

简单的图画书也会很吸引宝宝。描述应该尽可能直截了当，书的页码不要太多，最好是纸板的，这样宝宝自己也可以翻阅。重复阅读也很重要，频繁地更换书目对宝宝来说是个挑战。

在捉人游戏中您需要手脚并用。也许您已经和宝宝玩了独轮车的游戏(您抓住并抬高宝宝的腿，让他用双手行走)。只要他可以很好地坐立，便可以玩汽车了：汽车可以作为宝宝1周岁生日最完美的礼物。要注意汽车有没有翻车的危险,防止宝宝摔倒。同样，让宝宝尝试独立做这个游戏，而不要一直去告诉他怎样做。

宝宝什么时候可以玩沙盘

宝宝快1岁的时候已经可以在沙盘中活动了。他需要坐得很稳，因为仰卧和俯卧都不是正确的游戏姿势。此外宝宝可能会把所有的东西都放进嘴里。如果他还喜欢这样做，那么最好还是让宝宝在爬行毯上玩耍。

如果把东西往嘴里放的时期已经过去了，宝宝就可以在沙盘中尽情玩耍了。您也可以在天气好的时候带孩子在游乐场逛一逛。

宝宝并不是如一张白纸一样来到这个世界上的。他的成长依赖于自己的天性和与他人的交流。在这个过程中，他在积累经验，也在学习如何与周围人共处。这一时期宝宝的相关研究请您参阅此章。

宝宝性格的形成

这一时期宝宝能做到什么，答案很明显，但是他的脑子里在想些什么，一直都是个谜。大概 30 年前有人在这一领域进行过系统的研究，现在我们可以说：婴儿的精神能力比我们想象的要大得多。“笨宝宝”是过去的错误想法，有经验的母亲和儿童护理人员是绝对不会这样认为的。但是宝宝无法表达，因为这与他的能力不相符。所以在第一年中宝宝与父母之间的沟通与了解都是非语言的。

理解无须语言

成年人已经习惯于用语言与他人交流，所以大多数父母刚开始与宝宝交流时会觉得很困难。很多母亲最初无法猜到宝宝的需求，父母和孩子都很无助。但是请相信，每个宝宝，每个母亲，每个父亲，都有以非语言进行交流的本能。

随着时间流逝，您慢慢会解读宝宝的表达、身体语言和行为，宝宝也会对您的理解进行回应。如果您能够发挥好这种本能，在生活中加以运用，您便可以帮助宝宝找到他内心的平衡。

宝宝必须适应这个新世界的角色，找到自己的节奏，发展自我调整的能力。如果宝宝不能成功做到这些，其结果就是哭闹、睡眠障碍以及父母和宝宝之间的不理解。

您要学会理解宝宝，倾听他的感受。若您未能成功，也不要立即陷入恐慌。他是您的宝宝，一定会或多或少地理解您——要相信你们的这种关系，这种关系是您给宝宝的最好的礼物。

宝宝和妈妈无须语言即可交流。

宝宝的意识

对于婴儿的早期意识一直存在不同的心理分析理论。因为婴儿本身并不能向我们描述他的世界，所以这些理论通常建立在病人表述的基础之上。然而近几十年科技的进步使得经验性研究成为可能。

人们对此都了解什么

通过洞察力和行动力——主要通过宝宝的吸吮能力，测试宝宝对不同的图片和声音的反应。结果令人震惊！宝宝仿佛从出生开始就知道，他们的行为会起到怎样的作用。在2—6个月时，他们会感觉到自己的整个身体与他人分开，自成一体。7—9个月时，他们已经学会与他人分享自己的经验和感觉。

也许这些认识不会使您很吃惊，但是对专业人士来说这具有革命性意义。弗洛伊德称宝宝有获取喜悦、避免忧伤的天性。现在人们已经不再认同这样的观点，因为即使是在广泛流传的分析家玛格丽·马勒的模式调查中也未能证实。宝宝在4—6周时是自己独立发展的阶段，其后经历“共生”时期，在这期间，他会感觉自己和母亲仍是一体。5个月时他才感觉自己是一个独立的个体。

此外，婴儿研究员丹尼尔·施泰因开发了一个新的模式，他在已有认识的基础上解释了宝宝内心的发展（详见本页下半部分）。他的理论看似有些抽象，其核心信息是：请重视宝宝的感觉，了解他表达的信息和愿望。请您相信自己的感觉，尝试去了解宝宝的内心感受。请您尝试像您的宝宝一样去眺望儿童床的栏杆、屋外的阳光，同样去感受饥饿。当然这些您不能全都做到，但是这会使您更容易掌握孩子给您的信息。您会慢慢了解孩子。

宝宝精神能力的发展

丹尼尔·施泰因提出了自我感知的概念，他将自我感知分为4个阶段，这4个阶段并不是独立的，而是互为基础。宝宝不会忘记他们已经掌握的知识，这是我们从成年人的生活中得出的认识。

宝宝在出生后的两三个月中有一种“突然间对自我的感知”。在这一阶段宝宝每一分钟都充满意识。他会把所有发生在他周围的事情转换并加工为身体的感知和反应。他无法区分开外部和内在，也无法区分真实发生的事件和自身的感觉。

4—6个月期间，“自我的核心意识”加强了，宝宝会注意到，他有了自己的、不同于母亲的感觉和意愿。宝宝社交性的笑容按逻辑来说也从这一时期开始。

7—9个月，“主观性的自我感知”得到了发展，这给了宝宝新的视角。这种视角并不局限于观察他人的行为，同时也开始发现行为背后的感情甚至是动机。这时宝宝和他人之间才开始有意识地相互影响，尤其是和母亲之间。

15—18个月，“语言的自我”才被开发出来。宝宝这时拥有了客观认知的能力和自我观察的能力。

宝宝如何与他人建立联系

没有他人的帮助新生儿无法自己存活，因此宝宝和喂养他的母亲的关系便成为宝宝行为养成的重点。

但是在最初的几周，宝宝会与他人建立更多的联系，通过在集体中成长——在家人中，他的各种能力和人格得到了开发。与他人建立联系的行为是宝宝与生俱来的。但如果这些行为没有得到共鸣，便会逐渐退化，就像那些被孤立的或被疏忽的孩子所表现的那样，最明显的问题就是语言能力发展缓慢。缺少与他人的联系，不与其他人打交道，尤其是缺少交际行为，这都非常严重。这种情况造成的能力方面的欠缺通常要很久后才可以被察觉到。

良好关系的关键——沟通

如果与宝宝打交道的同时也观察自己，我们会尴尬地发现：自己的行为完全改变了，变得孩子气了。夸张的表情、刻意提高的声音、幼稚荒唐的语言、不断重复的话语，都是我们面对宝宝时的特点，但是这些天真幼稚的表现完全符合宝宝的需求。

我们夸张的表情非常适合宝宝。

宝宝能理解什么

宝宝现在还无法理解语言的意义，他们更容易理解感觉、情绪，并形成自己的韵律。他们更需要强烈的信号，而不是年长的孩子和成人。由于宝宝对高音的听力特别好，我们会提高自己的嗓音。与低沉的男性声音相比，宝宝更喜欢细腻的女性声音。夸张的表情也很必要，因为现在宝宝的视力还不太好，夸张的表情有利于宝宝理解我们的表达，同时他们也会

和宝宝谈话，并给他时间让他来“回答”。

模仿。我们会本能地让我们的脸保持在宝宝的最佳视线距离之内——20 厘米，原因也恰恰就在于此。

我们语言的语调、发音和旋律也同样传达了一种宝宝可以理解的信息：拖长的语调可以使他平静，下降的语调能抚慰他，旋律经常重复的、语调升高的词语和问句会令他愉快。

进行对话

所有这些本能的行为方式都会和宝宝的行为相互影响。宝宝以他的方式给我们回馈，模仿我们，表现出开心、激动，以他的方式发出声音——若有些事情对他来说无法接受，他就会拒绝。这种相互影响同时加深了父母与宝宝的理解与信任。然而这种自然的彼此间的学习会因为父母们担心做错事、多虑和对孩子能力的不信任，以及害怕失去宝宝、失去自由等而受到阻碍。

对此没有很好的解决方法，您只能跟随直觉，发现与宝宝交流的乐趣，坦诚地表达您的想法。

宝宝如何学习说话

孩子从第一天与您对话开始便在学习如何说话。在前半年里宝宝并不是在学习母语，这种话语对宝宝没有意义——宝宝只是通过模仿我们来练习发音。我们听到的宝宝的第一个声音是他的喊叫声，宝宝从两个月起便开始发“啊”的音，然后他会不断练习“啊”“哦”和带“啊”“咦”“吗”“嗯”这样简单字母的音节。4 个月时，他们会经常自言自语。他们会发出欢呼声，有时从紧闭的双唇中呵气——我们听到的是“w”或“f”的音。

第一个音节

5 个月时宝宝的发音没有明显

的进步，此后宝宝的发音阶段开始了。宝宝会无休止地发出一个个单音节——“嗒”或“嘚”，同时他会像大孩子一样转换语音和语调，但是这些语言都没有实际意义。然而语言学家已经发现这一阶段宝宝们语调的区别，他们的语调与自己父母的语调相一致。

8 个月时宝宝已经会低声说话了。在接下来的几个月，宝宝的语言基本上是双音节的——他们现在已经在慢慢地学习，将语言和意义联系起来，并且适时地使用语言。但是大概只有 3% 的宝宝在 9 个月时可表达自己的意识，将近一半的宝宝在快 1 岁时才完成这个阶段。如果您的宝宝在 1 岁时不能喊妈妈和爸爸，请您也不要失望。

妈妈、爸爸和小泰迪在哪儿

您肯定已经注意到：宝宝对语言的理解要比使用语言早得多。10 个月时他已经可以理解一些简单词的意义，如妈妈、爸爸、光、床、泰迪等，这些在他的生活中都具有很大的意义。如果您对这些人或物进行询问，他会按照您的提问去寻找对应物。快 1 岁时他已经能够明白“不”了，但是很快又会忘记。他也还不明白什么是“禁止”，但是他却很喜欢以此来玩耍。他会待在音响和花盆附近，来诱使您说出“不”。

他能听懂一些简单的要求，如“过来”或者“散步”，并且做出正确的反应，但是对 1 岁的宝宝您不要要求太多，很多有趣的东西都会转移他的注意力。

刺激宝宝语言的发展

五花八门的所谓“语言训练”是没有实际意义的，但是您可以通过相应的行为有效地影响宝宝语言的发展——在他自身能力的范围之内。

- 请您从宝宝出生起便和宝宝说话。您的语音、语调和音高都会激发宝宝进行模仿。
- 请您“回应”他的音高和声音，这样他会更早理解语言交流的特征。
- 请您使用简单的词语和句子，并多次重复。
- 请您告诉宝宝您在做什么（例如：我们穿袜子啦！），宝宝长大一些便会明白语言和这些事情的关联。
- 您说话时为宝宝留点时间——

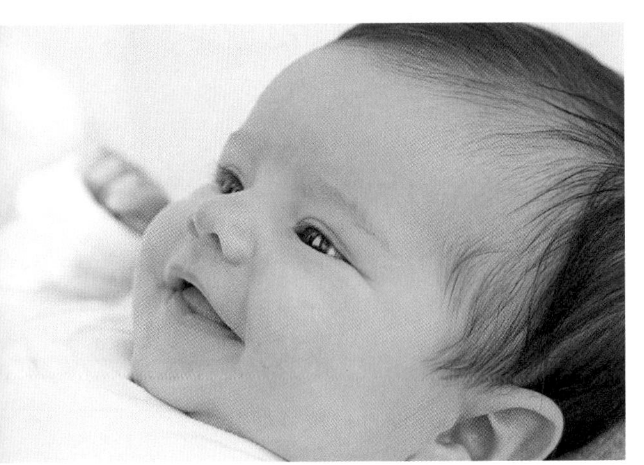

微笑对宝宝来说是如摇篮一般的保护。

请您停顿一下，给他时间说些什么。

微笑的力量

最初宝宝的形象是这样的：圆圆的大脑袋，又小又圆又胖的身体，大大的眼睛，高高的额头，小而翘的鼻子。这些会激发我们的保护欲。当宝宝看着我们时，我们就会沉醉。一种重要的行为随即会出现——微笑。微笑是专属于人类的行为，在动物身上是不会出现的。在宝宝刚出生的几周里，我们称之为“天使的微笑”，它通过嘴唇的自发动作完成。

在宝宝两个月大时这种笑容会发展为：宝宝带着笑容注视每张脸或脸部的图片。这种行为在宝宝半岁前会一直伴随着他。这是他一生中笑容最多的时期。他会激励我们不停地去逗弄他、亲吻他。有什么比宝宝的笑容更迷人呢？

仅对熟人微笑

在宝宝出生第二年，他会变得复杂起来，这时他的笑容开始变得有针对性。这就是说，宝宝并不是对每个人都笑，相反，一个陌生人来到他面前，他会喊叫。有的宝宝会皱起眉头，转换视线，或者表现得很僵硬。这种信息很明显：宝宝希望与陌生人的距离远一些。

求助：宝宝怕生怎么办

心理学家这样解释有距离的行为：这个时期的宝宝会将陌生人与他所熟悉的人区别开。同时他也开始有想念的情感。即使他没有看见也会知道妈妈在不在身边，他会扩大他的活动范围并变得独立，为此他比从前更需要身边人带给他的安全感。怕生是对陌生的危险情况的一种自我保护，父母应该理解和尊重这一时期宝宝的特点（通常在15—18个月后便会结束）。另一方面，您可以帮助宝宝克服对陌生人的恐惧。

注意：

宝宝也有人格，需要被尊重。当陌生人抚摸、拥抱或亲吻宝宝时，宝宝会果断地避开！即使对方的表达出于善意——宝宝并不是大家的玩具。在泛滥的爱面前您要保护他，即使这样会让您不得人心。

当您的宝宝拒绝接近人时，想要改变他并不容易。即使是宝宝已经习惯了的保姆和月嫂，也会遇到同样的问题。

- 请您不要主动参与其中，宝宝需要您作为安全保障——您应该让宝宝觉得您就在他身边，随时可以抱他。
- 最好的方法是，“陌生人”慢慢地从一个方向接近，然后坐下。
- 第一次与“陌生人”的主动接触应该是由宝宝自动发起的。这位“陌生人”不应该直接与宝宝说话或者抚摸他，最好先和妈妈聊聊天：这样会增加宝宝对他的信任。
- 当宝宝感觉到安全并且开始尝试着接近“陌生人”，那么探望者就可以走近宝宝了：微笑，带着玩具。
- “陌生人”与宝宝接触几周后，才会真正赢得宝宝的信任。您可以让祖父母和其他人来照顾宝宝，否则宝宝会更怕生。

您了解您的宝宝吗

大多数人认为，妈妈从宝宝出生时起就非常了解他，出于本能很清楚宝宝哭喊的原因，并能很快地满足他的需求，而爸爸却做不到。

然而事实并非如此。对我的每个孩子我都耗尽心力，我并不能确定他的每次哭喊我都能正确地理解。我认为很多父母都是这样。

宝宝想要什么

宝宝哭喊的原因通常有几个：饥饿，肚子疼，胃疼，或者困倦。宝宝哭喊是他的一种表达，是很多感觉和可能性共同作用的结果，是一种放松，或是一种求助。如果我们无法理解他的喊叫,便不要回应他(参见第 63 页)。

无法理解宝宝会让我们觉得很苦闷。我们无法记录我们每天有多少次能听懂宝宝的表达并做出正确回应。我们和宝宝在一起的每一分钟都在回应他，他的笑、他的惊讶和他的愤怒，尽管我们对此毫无意识。这是一种很好的无意识活动，如果我们总是控制自己，反而会增加我们和宝宝之间的距离。反之，当我们无意识地对宝宝做出正确的反应时，我们会更加有勇气，同时也会增进我们和宝宝的关系。

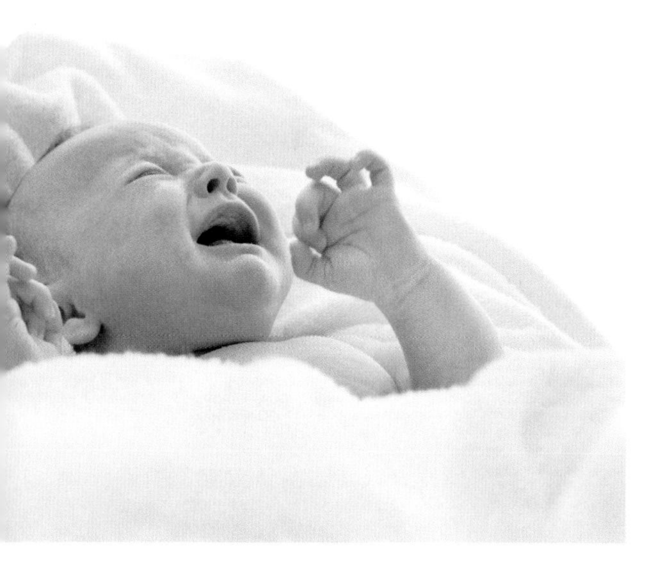

宝宝哭时需要我们去安慰并亲近他。

父母也应该学习

我们基本上是被宝宝引导着去观察他。他从出生第一天开始便试图找到内心的平衡。他的很多种表达都与自我调节相关，为此他需要我们的帮助。应小心地帮助宝宝进行调节：活泼的宝宝需要平衡和安慰，懒散的宝宝需要激励和引导。找到合适的方法不总是那么容易。不仅是宝宝，我们自己也处在学习的阶段。所以请您不要太过严厉，而是要有耐心且坦诚。

出现冲突

母亲处于压力之下。当宝宝哭喊时，不睡觉时，当他把勺子从房间里扔出去时，在很多人眼里宝宝被宠坏了。您作为教育宝宝的人，被认为是失败的。那么您对此有什么看法呢?您是否有这样的感觉——宝宝在与您进行权力的斗争?有时宝宝带着挑衅的眼神开心地对您说“不”，有时他会让您非常生气，以至于您想要教训他。

什么时候开始教育宝宝

在两种情况下要小心：面对陌生人的批评和自己的愤怒时。在这两种情况下不要教训宝宝，因为他们不会害怕。宝宝的生气可能不是由于我们猜测的原因，而是源于某种内心失衡。他会真的很绝望！他并不会为了让您生气而把勺子扔出去。如果他用询问的眼光做了不该做的事，那么他是在期待您对此做出的反应，他想确定您是否允许他这样做。但是他对于这些禁令还不能完全理解和接受。他处在不断尝试和发现的阶段，只有这样宝宝才能够不断成长。

在必要的限制外请给宝宝尽量多的自由！

安全范围内

这个年龄段的宝宝，妈妈一定要给他发挥的可能性。这就是说，为了保护孩子在抽屉旁装上保护装置，或者把音响放到高一点的位置上。另一方面，您要给孩子情感上的安全感和正确的指引。当他累了，就应该让他睡觉——即使他不愿意。

如果他拒绝吃苹果粥，那么就不必尝试给他其他爱吃的东西。即使宝宝超过半岁了，也可以让他形成一定的生活习惯。换句话说：管束宝宝会让宝宝及时停止不良行为并确保他不会提出过分的要求。

在任何情况下都要深思熟虑，充满爱心，即使这样做很困难。因为宝宝无法承受您的愤怒和惩罚，对此他只会陷入深深的失望。他乖巧或烦躁都取决于您。

我们要尝试着理解这个小小的生命，尽管他常常使我们失望。我们应该像尊重成人一样来尊重宝宝。

健康从小抓起

所有父母最大的心愿就是能有一个健康的宝宝，但并不是所有父母都能如愿。您需要采取一些措施来让您的宝宝变得健康强壮。请您不要过分担忧，您需要理智地观察您的宝宝，只有这样才能避免宝宝不正常成长。在这一章，您会了解到一些注意事项以及宝宝生病时的应对措施。

预防是防止许多疾病发生的最好办法——比如产检和注射疫苗。通过产检您可以排除宝宝患病以及畸形的可能性。您也可以定期与医生交流，在这个过程中您不仅可以提出疑问，消除心中的不安，还能从中获得乐趣。

预防最重要

宝宝是否健康其实从父母的表情就能判断。当宝宝生病时，您就不再只是父母了，而是化身为经验丰富的儿科医生。健康的宝宝通常喜欢亲近人，心情愉悦，睡眠规律，进食顺畅，体重也不断增长。尽管如此，您也总是对宝宝的一些行为感到担心。其实，您可以在为宝宝打疫苗时和医生讨论您观察到的情况及担忧。

在为宝宝做体检时，您要了解宝宝各个成长阶段的注意事项（参见第172—181页）。您要做好准备工作——最好将您遇到的问题写在小纸条上。如果您预先知道医生会检查宝宝的哪些方面，可以和医生讲一讲您观察到的情况。此时您和医生是一个团队。你们配合得越好，对宝宝就越有益。这同样也适用于为宝宝注射疫苗。疫苗能够帮助您的宝宝更好地抵御疾病。为了不让宝宝患上不必要的甚至威胁健康的疾病，您需要给您的宝宝及时注射疫苗，这也可以避免他就被传染上所谓的“儿童疾病”，如麻疹、风疹等。

预防性检查

预防和及时发现比治疗更重要——这尤其适用于新生儿。若家长未能及时发现宝宝的发育障碍或疾病，后果会非常严重。所以定期为宝宝进行预防性检查会给您的宝宝一个健康的童年。

目前医院有针对宝宝的一系列预防性检查（见表格），使宝宝可以安然度过多发疾病的阶段。为了排除宝宝有先天性疾病的可能性，宝宝在出生后第一年内会进行6次检查，这些检查会涉及很多器官，如心脏、肾脏、神经系统以及臀部。此后的检查主要针对感觉器官，如听觉、视觉的能力及感觉器官的整个发育过程。许多孩子在成长过程中会偏离正常的轨迹：他们不会爬，很晚才会跑，两岁了仍不会说话等。这些现象大部分情况下都是正常的，但在滞后发育的背后也有可能潜藏着一些疾病，或者这本身就是一些疾病的初始征兆。若及时发现这些疾病，则可以进行治疗，或控制病情的继续发展，甚至可以完全避免疾病的发生。所以定期检查很重要。检查时您还可以询问医生有关正确饮食的问题，以及您在家中观察宝宝时记录下来的一些问题。

注意：

若要早期识别系统发挥最大的作用，您必须完全按照体检时间表无遗漏地带宝宝检查并且做好记录。一定要为宝宝定期检查。您只需要花15—30分钟，来确定宝宝是否健康成长。您也可以为宝宝进行短暂的理疗。

体检时间表

1检	出生第一天
2检	3—10天
3检	4—6周
4检	3—4月
5检	6—7月
6检	10—12月
7检	21—24月
7检A	36—42月
8检	43—48月
9检	60—64月
青少年1检	12—14岁
青少年2检	就业的青少年

（在我国，也有相应的母婴保健管理系统，为宝宝的科学喂养、体检、免疫、疾病治疗等提供指导、建议和帮助。宝宝出生时医院会发放相关的保健管理手册，规定的体检与免疫间隔时间与本书所介绍的德国的情况略有不同。——编者注）

针对有患病可能性的宝宝的预防检查

所谓有患病可能性的宝宝指的是在母体中还未出生的胎儿，他在某些方面存在一定的危险，这种危险会导致孕期阻碍或者让胎儿出现某些疾病。鉴于这些风险的存在，儿科医生应该给予母亲格外的关注和悉心照顾，必须悉心观察胎儿的发育。存在的风险也要记录在出生证明中。发现这些危险，为您的宝宝做好预防，这也是您在产检时的一项任务。

- 如果怀孕期间您的宝宝存在患某种疾病的风险，都会被记录在您的孕期信息上，您在问诊时应告知您的医生。
- 如果您的宝宝存在危险但正常出生了，在最初的几个月您最好让宝宝在医院里观察一段时间，以便排除风险（有可能您在怀孕过程中遇到一些对宝宝发育产生影响的事情）。利用好每次预防检查，这会给您安慰。确保孩子一切都正常后，您就不会整日惶惶不安，担心宝宝的健康问题。
- 许多城市针对预防性检查有预约系统，预约系统可以提醒父母，以免父母因为疏忽而未能让宝宝及时做检查。如果您想要为宝宝做相关检查，需要主动去了解这方面的信息。若您的宝宝是早产儿，您需要非常细心地观察他，照顾他。产前治疗中心（产前中心或妇产医院）在常规的预防性检查之外，会为有风险的早产儿提供额外的检查。一个专门的医疗团队会为您的宝宝进行全面的检查和悉心的照料。

1 检和 2 检

在这 11 次例行检查中，也就是从宝宝出生到他长大成人开始工作的这段时间里，最初的 1 检和 2 检最重要。

1 检

宝宝出生时，医生会在产房为他进行第一次检查，包括对这个“新生命”进行诊断。孩子在出生时那声强有力的哭声就是一个信号，说明他能呼吸到空气，也就是说他能依靠自己的力量将氧气送到肺部。这会使他脸色涨红，肌肉紧绷，呼吸变得有规律。

- 所谓的 APGAR 分数是衡量新生儿适应能力的一个标准：它是一个

评分系统，一般在宝宝出生后的特定时间段内（1 分钟之后 /5 分钟之后 /10 分钟之后）进行评分。如果这五项测试（皮肤颜色、肌张力、心跳频率、呼吸频率以及刺激后反应）都正常，宝宝的每项测试会分别得到 2 分。

APGAR 的分数达到 10 分说明宝宝处于最佳状态。出生 1 分钟后检查以及 5 分钟后检查分数低于 7 分的宝宝则需要医生的专业帮助，这样才能加速宝宝适应新状况。

- 血气分析 pH 也是一项重要的测试。它是衡量宝宝体内氧气是否充足以及新陈代谢是否正常的标准。医生从脐带中提取少量血样，几分钟之后就能得到测量值 (超过 7.20 为正常)。两个测试结果会被记录在宝宝的“出生手册”中。在出生 36 小时内还要为宝宝进行听觉测试（OAE）以及用超声波测试其臀部。

2 检

2 检通常由宝宝出生医院的医生在宝宝出生后的 3—10 天进行。这次体检是宝宝的第一次正式的检查，检查宝宝是否一切正常。

- 这次体检主要是检查宝宝发育的成熟度，或者检查早产儿哪些方面还未发育成熟。检查心、肺、腹部器官，神经系统，反应神经，骨骼系统以及臀部。
- 这次体检您也可以向医生表达您的疑问和担忧。此时您的身体状况也有所好转，可以陪宝宝一起检查。
- 2 检医生在诊断时，常常发现宝宝偏离正常成长状况（比如肌肉紧

预防维生素K缺乏

有些细菌在人的肠道中会合成维生素 K，维生素 K 是人体所需的重要元素，因为它是凝血功能不可或缺的物质。母乳喂养的宝宝与奶粉喂养的宝宝相比，通过细菌的作用产生维生素 K 的过程较缓慢。为了避免宝宝出现凝血功能障碍，母乳喂养的宝宝在出生时，2 检以及 3 检时就需要额外摄取维生素 K，每次 2 滴剂的量。您必须为宝宝使用这些维生素 K，因为缺乏维生素 K 而患有凝血障碍性疾病的婴儿可能会流血不止，甚至会留下严重后遗症。

张或者身体两侧运动不平衡)。医生会建议您复查或立即进行相应的治疗，这一定会让您感到恐慌。但您应该知道，许多新生儿都会有一些轻微的偏离正常成长状况的现象。宝宝的成长会显现出很多变化，有经验的儿科医生也很难判断这些变化到底是不是真正的成长障碍。

因此，复查很重要，多数紊乱的情况在复查时都消失不见了。

3 检和青少年 1 检

当您离开分娩医院时，医院会给您一本儿童健康手册。接下来您的宝宝可以在医生那儿进行 3 检到青少年 1 检的各项检查。您要仔细保存记录各项检查的手册和接种证。每次带孩子去看医生时都要带着它们。在每次预防检查中，医生都会把孩子的全部检查结果记录在本子上。第一次到医生那儿就诊时您最好携带本人的医疗本，以便让医生了解您孕期和分娩的状况。

每项预防检查都是针对孩子在不同年龄段所可能出现的身体问题。您需要告诉医生宝宝目前可以独立完成的事情。医生会给宝宝测量体重和体温，测量结果会记录到宝宝的成长曲线图中。成长曲线可以让我们了解宝宝的成长是否与他的年龄相符合，比如头部发育是否充足或者头的大小是否与期望相符。如果您的宝宝是个早产儿，医生会使用专门适合早产儿的成长曲线图，并且会告诉您如何对早产儿的成长状况进行分析。

- 您需要预先记录下一次预防性体检的时间，因为时间过得太快，您可能会突然发现错过了预约的时间。比如说预约的疫苗接种和 4 检时间冲突，那就太可惜了。
- 每次宝宝做检查时，在疫苗本左侧会有很多问题。这些不仅是您需要向医生提的问题，也会促使您提出更多其他的疑问。
- 医生可能会问您宝宝听力是否有问题。如果宝宝听力方面出现问题，在第 5 次体检时就可以测出来。视力方面也是每次体检需要注意的部分。大部分是通过父母的描述判断，例如孩子出现看不清事物、斜视、感知不到近处事物或图片的情况。忽视视力方面的疾病可能会导致空间感知方面的问题。听力方面的疾病可能导致语言发展的障碍。这些感觉中枢（视觉和听觉）的发育障碍越早发现越好。

● 预防检查不仅可以给宝宝做体检，还能告诉您各种关于哺乳的问题，并使您充分了解疫苗项目。

有预防作用的维生素D和含氟药片

婴儿时期是人类成长最快的时期。因此这个时期的宝宝应该多摄取钙并保证骨骼的吸收状况良好。在钙的吸收过程中，维生素D起到了必要的调节作用。在宝宝体内合成维生素D的先决条件是皮肤接受阳光中紫外线的照射，只有这样才能达到促进钙吸收的效果。

补充维生素D——预防佝偻病

如果婴儿很少晒太阳或者有些地区阳光不充足难以保证婴儿体内合成充足有效的维生素D，那么就会导致婴儿骨骼发育不健全，甚至患上佝偻病（软骨病）。如今的宝宝很少患这种疾病，原因要归于维生素D制剂的使用。婴儿从出生后第5天开始，通常到第二年初夏一直都要额外补充维生素D，每天一小片，含500个国际单位。额外摄取的以及母乳中所含的维生素D就可以避免婴儿骨骼发育障碍。如何快速准确地给宝宝喂药？请参见第232页。

抗龋齿的含氟药片

在宝宝牙齿还没有萌出的阶段，微量元素氟就可以在牙齿的形成过程中保护牙齿，使之免于龋坏。自从开始为宝宝补充氟以来，孩子的龋齿问题就得到了显著改善。有人认为给宝宝使用氟可能带来许多危害。为了排除微量元素氟给孩子带来的副作用，人们对此进行了彻底的检测。没有哪

髋关节障碍

在每1000—2000个新生儿中就有一个患有髋关节障碍的患儿。女婴患有这种疾病的概率比男婴高4—6倍。如果新生儿的父母或兄弟姐妹中有相应患者，那么应该尽早给新生儿做超声波检查，及时发现并解决问题。

项检测能证明氟与癌症的发生有关联。

为方便起见，人们将婴儿每天所需的 0.25 毫克剂量的氟与其所需的维生素 D 制成了一种药片。如果宝宝开始和成人一起吃同样的食物，那么氟化食用盐里的氟元素就可以取代含氟药片了。

髋关节扫描

通过给婴儿做无害的髋关节扫描可以对髋关节的发育障碍做早期排查。在严重的情况下（详见第 217 页），这些发育障碍可能会影响宝宝走路，甚至需要进行手术。因此，这种扫描可以帮助宝宝及时发现问题并解决。

如果在髋关节发育障碍的早期阶段就能及时发现，通过一些简单治疗手段就可以纠正。这些治疗通常在持续 4—6 个月后就能起到显著的治愈效果。自 1996 年以来，医生建议所有 4—6 周的新生儿都进行髋关节扫描。

正确选择医生

虽然所有医生都可以给病人做预防性检查，但婴儿健康保健方面的 95% 的工作都需要儿科医生完成。作为父母您有权自由选择儿科医生。每次检查时携带的医疗本始终在您手中，因此，您可以直接更换医生而不需要向之前的医生索要原来的检查诊断结果。

- 宝宝出生后就护理他的医生以及得到父母信任的医生会继续照顾宝宝。
- 如果因为某些原因他们不能护理宝宝，您需要另作他选，但此时您也要尽量选择在您家附近的医生。在宝宝学龄前您需要时常带他去看医生，路途近对您来说就很重要。

另外，候诊时间和这位医生的名声也很重要。医生的诊疗方式应该和您的想法相一致。最重要的是，孩子能和这位医生相处融洽并且能够得到专业的照料。

零压力看医生的几点建议

第一次预防性检查会让父母和宝宝都很紧张，但父母的紧张不安并不能对安抚宝宝强烈的抵触情绪起到任何帮助作用。没有人会愿意在原本吃饭或者睡觉的时间裸着让人检查。因此您需要为检查做好准备。

• 首先预约的时间尽可能定在宝宝吃饱睡足的时间。如果就诊时间不可避免地与用餐时间撞到一起，您要记着给宝宝准备好一瓶奶。即使在医院您也可以随时哺乳。

• 其次，您需要给宝宝选择穿脱都快速方便的衣服。侧面带纽扣的婴儿连体裤特别方便实用。您还要记着带纸尿裤和宝宝喜欢的玩具。另外，您也可以带一本童话书，在候诊时为您的宝宝讲故事。

• 不要因为害怕宝宝饿而把他喂得过饱，这样会使宝宝懒得说话。在餐后两三个小时，医生可以对宝宝的成长状态做出最准确的判断。如果宝宝过饱，所有的反射测试中，他的反应都会很平静。医生为了更准确地测试也许会让您再次问诊。

• 如果在预防性检查的同时需要给宝宝接种疫苗，宝宝必须保持很健康的状态。如果此时宝宝恰好有呼吸道感染或者感冒的症状，医生则不会为宝宝注射疫苗。在这种情况下，您最好推迟所有的检查预约时间。

青少年2检

青年人还需要做一个附加的早期认知检查。这个检查叫作青少年2检，入职时需要做这项检查。

疫苗的保护作用

疫苗对健康有预防性保护作用。人类健康的最大威胁是传染性疾病。传染性疾病可以通过接种疫苗进行预防或者消除危险性。

现在，所有的父母都清楚地知道，要尽早给孩子注射疫苗预防白喉、破伤风、小儿麻痹症以及麻疹等疾病，因为这些疾病很可能致死或者给孩子留下后遗症。在德国，这些疾病的预防接种覆盖面很广。然而人们总会听到一些说法，比如若孩子患过百日咳、麻疹、腮腺炎这样的疾病，以后就会产生相应的抵抗力。但很少有人知道，即使在相对很少见的情况下，百日咳和麻疹也可能会对大脑产生严重损害，腮腺炎可能会引起严重的听觉障碍。及时注射疫苗能避免产生这些问题。

针对白喉、百日咳、破伤风、脑膜炎这几种疾病，人们只需要一剂肌肉注射针就能进行预防，预防都很有效且没有副作用。目前人们还不清楚，疫苗注射后的轻微发烧是否由疫苗引起。尤其重要的是，应该让所有孩子都注射预防麻疹、腮腺炎、风疹的疫苗。本书第 203 页的图表显示了各个年龄段需要注射疫苗的类别。您可以向医生询问疫苗注射的时间表、疫苗材料以及如何接种等问题。

接种后宝宝有反应怎么办

在少数情况下，宝宝在接种疫苗后的几个小时内会表现出不安的情绪或者会有些发烧。这时您可以给宝宝使用一些发烧栓剂进行治疗，这样可以安抚宝宝。如果发烧栓剂不起作用，您需要带孩子就医。

只有第 4 次预防性体检的时间与疫苗注射时间一致，其他疫苗注射时间与预防性体检时间无关。

一些特殊情况下才有必要注射的疫苗：

- 如果父母一方患有肝炎，那么在宝宝出生后就要为他注射甲肝疫苗，并在第一针注射 6 周及 6 个月后再次注射强化针。
- 在德国，医生通常不建议为婴儿注射抗肺结核的疫苗。
- 如果您和宝宝在一些易患虱子引发的疾病的地区旅行，建议接种疫苗。您可以向医生进行相关咨询。
- 防流感疫苗：您应该按照疫苗接种委员会 STIKO 的建议来决定是否给患有心脏病的宝宝或者患有其他遗传性疾病的宝宝接种流感疫苗。

若宝宝的身体免疫系统能力低下，您就要根据具体情况考虑，哪些疫苗有接种的必要，哪些疫苗不能接种。

注射疫苗会让体内产生对抗特定疾病的抗体。儿科医生知道针对不同的感染风险在什么时间需要注射何种疫苗。

疫苗注射时间表

2014.08
根据疫苗接种委员会STIKO的推荐

疫苗 \ 注射时间	月份大小					年份大小					
	2个月	3个月	4个月	11—14个月	15—23个月	2—4岁	5—6岁	7—8岁	9—17岁	18岁起	60岁起
A组轮状病毒[a]	G1 6星期后	G2	(G3)								
破伤风	G1	G2	G3	G4	N		A1	N	A2	A[c]	
白喉	G1	G2	G3	G4	N		A1	N	A2	A[c]	
百日咳	G1	G2	G3	G4	N		A1	N	A2	A[d]	
小儿麻痹症	G1	G2[b]	G3	G4	N				A1	ggf.N	
乙型肝炎	G1	G2[b]	G3	G4	N						
b型流感嗜血杆菌（Hib）	G1	G2[b]	G3	G4	N						
肺炎	G1	G2	G3	G4	N						S[f]
脑膜炎				G1[e]			N				
麻疹，腮腺炎，风疹				G1	G2		N			S[g]	
水痘				G1	G2		N				
人乳头瘤病毒									S[h]		
流感											S[i]

G 适用于未接种的青少年的基础免疫或补充针　S 规范针　A 强化针　N 补漏针

a）按照至少 4 个星期的时间间隔进行剂量为 2—3 毫升的口服接种，最佳时间为宝宝 16—22 周，最晚不要超过 24—32 周

b）此针可省去

c）每 10 年注射一次加强针

d）在接种破伤风—白喉疫苗时，应注射破伤风—白喉—百日咳以及破伤风—白喉—小儿麻痹混合疫苗

e）宝宝满 12 个月后

f）接种，如有必要可注射加强针

g）针对所有 1970 年后出生且未产生足够抗体的成年人接种的麻疹疫苗

h）针对所有 9—14 岁的女孩：按照年龄接种 2 或 3 次

i）每年接种时下流感疫苗

尽早地完成所有疫苗接种，可以与以上规定的日期有少许偏差。

——德国绿十字中心

宝宝第一次生病通常会让我们手足无措，然而这是非常自然的事情：您的宝宝必须和周围的许多病原体做斗争以建立起自己的防御系统。尽管如此，宝宝生病时，您还是应该带他去看医生，并且悉心地照料他。您需要向医生询问疾病的原因。您可以要求和医生、助产士、护士在一个封闭的空间谈话，请求他们花些时间为您的孩子诊断。有关孩子的一切都不能敷衍了事。

第一次生病

在新生儿刚出生的几周，他们能够轻松地适应这个新环境，然而这种状况很快会发生改变。我们无法保护他不受外界的感染。随时可能会发生的是：宝宝拒绝习惯的进食时间，甚至突然呕吐起来，或者看似毫无原因地大喊，感到热，体温超过 39℃。宝宝感觉不舒服，这让父母，尤其是那些初为父母的年轻人感觉很惊奇，也会有小的恐慌。喂食，这几乎是最日常的一件事——宝宝突然之间拒绝，这让妈妈很难过。但是每个宝宝迟早都要接触周围环境中的病原体，这是件很寻常的事情，父母通常无须太担忧。宝宝的身体机能对外界疾病本身会有所防御。若在您的照顾下宝宝都能抵御疾病，那么您帮助宝宝对抗疾病的能力会变得更强。

疾病的产生

很多刚刚出生的宝宝就患有各种疾病，如黄疸病、脐部问题和皮肤病，呕吐和焦虑也是新生儿最常见的病症。此外，一些宝宝还会出现性成熟和激素紊乱的病症，如睾丸肿大或乳腺肿大。但是通常您不必担忧，大多情况下这些病症不需要治疗便会自行消失。自第 206 页起您可以查阅到更多的信息和治疗建议。

常见病因：病毒感染

在新生儿时期和宝宝很小的时候，影响健康的最常见原因便是病毒感染。胎儿在母体中是受到保护的。对于一些常见疾病，宝宝出生时便从母体获取了一些抗体，从半岁到 9 个月之间保护宝宝远离相关疾病（如麻疹、腮腺炎、风疹，若母亲患过此类疾病或注射过此类疫苗，宝宝体内会有相应抗体）。很多病毒不会对宝宝构成生命威胁，但宝宝并不是从一开始就能对疾病免疫：宝宝必须要经受这些病毒，才能够在体内产生抗体。他的免疫系统可以对抗这些挑战。

多久生一次病算是健康的

宝宝生病可能会让父母备受折磨。也许宝宝连续咳嗽了几夜，感觉很不舒服，也许这一次疾病几乎还没有消退，下一次便来了。把宝宝和生病的兄弟姐妹或者其他感染的宝宝隔离开来，他就不会被感染或者很少生病。但是您也应该知道，有兄弟姐妹或者玩伴的宝宝一年最多会被传染 15 次。

对此您只能让宝宝和其他孩子保持距离，除此之外您无能为力。医生推荐宝宝注射疫苗或接受小手术，使宝宝免于受感染。同时您应该知道：宝宝每受一次感染就意味着以后会少一次感染。宝宝到了四五岁时这种极易感染的状况就会消失。

不要担心宝宝生病

宝宝的疾病由病原体引起，每个年龄段都会受到传染。若宝宝生病了，便会对这种病原体免疫。几乎所有人都曾患过这些疾病。母体的保护可以使胎儿远离一些疾病。宝宝出生后可以注射疫苗以防止这些疾病的发生,如果措施得当便永远不会发病（如麻疹、腮腺炎、破伤风、白喉、小儿麻痹症，疫苗信息请参阅第201—203页)。如果宝宝“中招”了怎么办?

这里提及的孩子的病并不是致命的！大部分人也知道该如何治愈这类疾病。无论如何都要带宝宝去看医生，并了解治疗方法。很多时候宝宝并不能感受到自己生病了，当您认为您的宝宝可能不舒服时，就应该适当地听取医生的建议。

正确了解疾病症状

当有些疾病已经显示出症状时，就意味着您必须为宝宝治疗了。宝宝不舒服时，您可以尝试着仔细观察并注意宝宝有哪些变化。因为医生会询问宝宝的相关情况。您最好将这些观察记录下来，包括时间以及病症的程度。您不必过于担心，当您有疑问或在不方便的时间里（夜里、周末、节假日）可以去儿童医院挂急诊或叫救护车。

发烧

体温的升高意味着宝宝身体的免疫系统被激发。并不是每次发烧都需要控制，只有当宝宝发烧且感觉十分不舒服时,您才应该去帮助他降温（参见第213页)。

如果宝宝发烧持续3天以上，您就应该带他去看医生，请医生为宝宝做检查并给出治疗方案。不到6个月的宝宝若体温超过38.5℃，需要及时就诊。

高烧是一种警示，意味着您的宝宝可能生病了。若宝宝出生后的两周里突然出现发烧的现象，那么说明宝宝受感染了。您必须马上带宝宝就诊。宝宝突然脸色变得苍白、不爱喝水、呕吐或出现其他您不了解且使您担忧的变化，那您就需要注意了。请不要忽略这些小的变化，这关系到您的宝宝的身体健康。绝对不能对宝宝的变化置之不理。

厌食

经过一段时间后，宝宝通常知道他该什么时间进餐。如果在规律的进餐时间里宝宝不爱吃饭，这是宝宝生病的征兆，有可能过多的进食会让情况变得更糟。此时宝宝适合保护性饮食。如果宝宝喝母乳，那么您无论如何都要继续坚持母乳喂养。没有必要停止母乳喂养，因为在宝宝生病时母乳会激发他的自愈功能。

呕吐和腹泻

这两种症状通常会消除胃部和肠道里的垃圾物质（例如当内部物质不相容时）。当宝宝对于流食有极大的需求时，您必须要注意，避免宝宝因为液体损耗而出现缺水现象。当出现这种症状时请咨询医生。如果医生的饮食和治疗建议并没有治愈宝宝的呕吐和腹泻，那么宝宝很有可能感染了轮状病毒或者诺如病毒。在这种情况下，宝宝必须要接受医生的检查和治疗。

咳嗽

咳嗽是一种与生俱来的反应，可以除去呼吸道中的有害物质。强忍咳嗽就意味着将这些有害物质聚集在体内。更好的办法是消除咳嗽（参见第219页）。众所周知，宝宝喜欢将他们手中的物体放进嘴里，有时他们会吸入一些杂质，这些杂质会导致他呼吸困难。此时您需要立即带宝宝去急诊。

疼痛

宝宝夜间不断地喊叫，尤其伴有流鼻涕的症状时，他很有可能是患了中耳炎（参见第221页）。最疼时他会大声叫喊，这时必须向医生求救。

疾病与疼痛

过敏

所谓的过敏，总体来说就是身体对于一种或者多种物质的免疫反应。其中有：

- 食物成分(如牛奶中的蛋白成分)；
- 空气物质（如尘埃和花粉）；
- 接触物质（如衣物、被褥上的纤维）。

典型症状

过敏反应是由孩子的免疫系统控制的，本身并没有危害。

皮肤瘙痒、斑疹或轻微的哮喘也可能会变为严重致命的问题，例如会引起严重的呼吸困难和循环系统休克。

病因

由疾病引起的过敏反应是以所谓的特殊疾病为基础的，其中包括皮肤炎、哮喘和花粉症。过敏通常来自遗传。如果父母之一患有特应性的疾病，那么孩子在 1 岁时患病的概率是 30%；如果父母双方都患有这种疾病，那么宝宝患病的概率为 60%。

经常性过敏

现在过敏现象在不断增加。25%—40% 的人患有这种疾病。

过敏反应可以预防！以下几点对于过敏及有过敏史家庭的宝宝很实用。

- 对牛奶和豆制品中的蛋白质过敏。这种情况宝宝会表现出：呕吐、腹泻和发育障碍。
- 皮肤炎：脸部和胸部出现斑点及有瘙痒感的红皮病，尤其是出现在肘部和腘窝。这种情况可能是因为宝宝摄取了新的物质。
- 喘息样支气管炎（哮喘）：在哮喘时呼气明显比吸气的时间长。如果宝宝有过敏的可能，那么请您根据儿科医生的诊断进行防治，并请医生给出治疗方案。

您可以：

- 在哺乳期您不用刻意避开过敏物质的摄取，以免母亲和宝宝出现营养不良的状况。研究表明，哺乳期摄入这类食物一般不会出现过敏现象。
- 请您尽可能长期地对宝宝进行母乳喂养，这对您和宝宝都好。宝宝 6 个月以内，他通过母乳可以摄取所需的全部营养。如果您必须提前为宝宝断奶，请向医生和助产士咨询，为宝宝选用不会导致过敏的奶粉。
- 在为宝宝添加新的食品时，一定要先少量再逐渐加量。请您注意易引起过敏的物质。
- 请您不要在孩子面前吸烟！
- 哺乳期不要喝酒。
- 咨询医生，是否应该让房间尽可能保持无尘状态。
- 请您保持宝宝皮肤清洁，尤其是干性皮肤的宝宝。

胃胀气

几乎每个宝宝都会不时出现胃胀气，在最初的几周里这会非常影响宝宝的情绪。有些父母会因此而感到非常沮丧。

典型症状

通常宝宝 2—3 周时会出现胃胀气的现象，主要是在下午。孩子会烦躁、大喊大叫，肚子明显鼓胀。他会试着将气排出来，因此会收缩腹部，脸憋得通红。在这种情况下即使为宝宝哺乳他也无法安静下来。有时这些胀气要几个小时之后才会消失，宝宝经常到傍晚才会渐渐安静。

胃绞痛

如果宝宝每天哭得很凶且持续3个小时以上，这可能是胃绞痛，也就是胃肠痉挛。这种情况通常在宝宝 4 周时开始出现，三四个月时逐渐消失。尽管出现这种病症，但是宝宝还会健康成长。父母会惊讶地发现，患了胃绞痛的宝宝突然间变得开心活泼了。

病因

胃胀气的起因是肠胃中进入了气体。母乳和奶粉中的天然成分——乳糖，会被大肠内的细菌发酵，引起胀气。哺乳期间食物中的某些物质也会引起胀气，让宝宝出现相似的反应。如果您有家族过敏史，那么您摄取的蛋白质成分很可能会转化到您的母乳中，宝宝会有严重的反应，从而导致胃胀气。经常大哭大闹的宝宝会吞进很多的空气，相对会更频繁地出现胃胀气状况。

您可以：

并不是每个宝宝都会出现胃绞痛的状况，但是每个宝宝都会经受某种形式的胃胀气。

- 通常除了排气没有更好的方法，您可以让宝宝趴在您的前臂之上（飞行的姿势，参见第 55 页）。
- 当宝宝出现轻微的、不定时的胃胀气时，您可以用平滑的手法沿顺时针方向温柔地按摩宝宝肚脐周围，换尿布时用双手轻轻地按压宝宝的膝盖和肚子。
- 含有祛风药剂的茴香茶（参见

第 119 页）有时可以帮助宝宝缓解胃部疼痛。这种祛风药剂滴液可以减少胃内和大肠内的气体，无须凭处方购买。宝宝也可以在进餐时服用。

- 在哺乳期间您进食时也一定要注意，观察哪种食物可能引发宝宝出现腹痛或类似的反应。

- 如果您有家族过敏史，在哺乳期间您可以尝试连续 3 天避开牛奶、鱼、鸡蛋和坚果等最易引起过敏的食物，这会非常有效果。

- 如果宝宝胃胀气和胃绞痛的现象没有消失，您可以咨询医生，商讨宝宝是否应该服用抗过敏食物（参见第 110 页）。非母乳喂养的宝宝也许不能承受婴儿奶粉。如果您的宝宝和全家都为此困扰却无计可施，那么至少还有个小安慰：通常三四个月大时宝宝会突然停止哭闹。

支气管炎

上呼吸道感染可能会发展为支气管炎。

注意：

无论如何一定要向医生咨询。由医生来决定如何治疗：宝宝是否应该使用抗生素、吸氧、服用抗过敏药物，或这三种治疗同时进行。

典型症状

轻微咳嗽，可能伴随发烧。有家族过敏史的宝宝如果得了支气管炎，就很有可能演变为哮喘。他们通常会呼吸困难且呼吸声中有杂音（喘息样支气管炎）。

您可以：

- 保证室内空气凉爽湿润。
- 用布洛芬或栓剂药物为宝宝降温（剂量遵医嘱）：24 小时内可服用 3 次。

乳腺肿大

有些新生儿，无论男孩还是女孩，尤其是预产期之后出生的婴儿在出生 2—3 天后乳腺会变得肿大。有时乳腺会分泌几滴奶液，这被称为“新生儿乳”。

这是一种少见的但却正常的现象，这种现象由母体的激素引起。不同于孕期，胎盘脱落后母体的激素对宝宝的身体仅有非常短暂的影响。

您可以：

- 唯一的办法是等待。不要按压肿大的乳腺！您可以为宝宝的胸部垫上一层棉絮。按压只会让细菌传播，导致发炎。
- 当宝宝的乳腺发红并有压痛感时，说明宝宝的乳腺可能发炎了。请尽快带宝宝去医院就诊！
- 为了防止发生化脓和对宝宝实施手术，您必须为宝宝使用抗生素。

三日烧

6—15 个月的宝宝通常会出现这种没有危险的病毒感染。大部分父母对此印象非常深刻，因为这是宝宝第一次发高烧（将近 40℃）。

典型症状

所谓三日烧，顾名思义，会持续 3 天。特殊的是，这种发烧对孩子的健康没有任何影响。大多数孩子还是会像平时一样玩耍、进食、饮水。

然而极少数宝宝会随着体温的升高出现呕吐、腹泻甚至痉挛的现象。72 小时后宝宝的体温会突然降下来，继而身体上出现皮疹，脸部和四肢不会出现。这些皮疹呈淡红的斑点状分散开来，一天后会全部消失。

病因

三日烧由病毒引起，但其传染力并不强，只会使周围一部分同龄孩子受到传染。若怀孕的妈妈接触了患有三日烧的孩子，应该告知产科医生，因为这可能会导致腹中胎儿贫血（可治愈）。

您可以：

患有三日烧的孩子通常感觉不到自己生病，只有当他们高烧时（感到疲乏、出汗、烦躁），才有必要采取治疗措施。可使用的降温方法有：服用布洛芬或其他药物，湿敷。

腹泻

当宝宝排泄物明显增加，甚至增加到正常时的两倍时，说明宝宝发生了腹泻。排泄物可能是水状的、黏稠的，也有可能是带血、呈泡沫状的。请您仔细观察宝宝的排泄物，以便告知医生，您也可以带着有宝宝排泄物的尿布去看医生。

典型症状

排便增加仅属轻微症状，宝宝可能会伴随轻微的发烧、腹痛、烦躁和厌食等症状。如果宝宝腹泻同时伴有发烧和疼痛，您需要带着宝宝去看医生。

病因

腹泻通常由病毒引起，而非细菌。您需要注意的不只是感染，还有水分的流失。宝宝对水分的需求比较大，所以严重的腹泻会导致严重的脱水，发烧时会加重，这时会有很大的危险。

注意：

若宝宝在出生后8周内有腹泻的现象，一定要带他去看医生。

若宝宝腹泻时伴有呕吐现象，要立即咨询医生。

您可以：

- 如果您还在为宝宝哺乳：继续哺乳。非母乳喂养的宝宝也许会突然拒绝喝奶，这时妈妈应立即喂宝宝ORL（口服补液盐，在药店购买）。无论是母乳还是ORL，都可以使宝宝流失的盐分和营养物质重新得到补给。有很多止吐药物，您可以在药店购买，使用方法详见药品外包装。
- 请您告知医生，并和医生商讨是否应该继续原来的饮食。

医疗

饮食的改变可以起到辅助治疗的作用（见上文）。宝宝康复后，您可以小心地尝试宝宝原来的饮食。

请询问医生，是否可以进行病理化验。尤其是当家里其他人也出现腹泻，且腹泻由沙门氏菌感染引起时，化验就更有意义了。

呕吐

呕吐属于婴儿最常见的疾病症状，通常会让宝宝出现一些不良反应，但并无大碍。

呕吐

呕吐有时可能是由食道的部分闭塞引起。

典型症状

呕吐的情况不尽相同。有时食物从口中流出，有时以喷射状态溢出。

呕吐物呈白色黏稠状，有苦味或带血，闻起来略酸。

注意：

如果您的孩子一天多次呕吐，您就需要带着宝宝去看医生了。如果您的宝宝大量脱水，您也必须请医生采取相应措施。

病因

有很多的原因。医生必须要做出判断，这是由胃肠疾病引起的（呈喷射状态的呕吐，在压力下形成幽门痉挛），还是由其他身体问题引起的呕吐。

您可以：

宝宝呕吐后，您需要让宝宝适当进食。如果宝宝接受食物，让他继续进食；如果宝宝拒绝进食，您需要寻求医生的帮助。

发烧

发烧可能是好事，这是一个自我治愈的过程。当您的宝宝明显不舒服、哭闹、疼痛或体温超过 40℃时，您需要为宝宝降温。

父母往往在偶然间发现宝宝发烧。有些宝宝高烧 40℃还能够兴高采烈地玩耍，而有些宝宝体温达到 38.5℃就已经无精打采了。

病因

发烧是身体的防御反应。宝宝通过体温的升高使病原体或有毒物质在体内转为无害物质。发烧也是感染的表现，在婴儿时期主要由病毒引起。

您可以：

保持冷静！即使宝宝体温超过 40℃，您也不必担心您的宝宝会被烫熟了。

有的疾病，如三日烧（参见第 211 页），会使宝宝的体温达到 40.4℃—40.8℃，但是宝宝却什么事都没有，他还是很活泼。

- 如果您的宝宝看上去没有什么不舒服，您可以先观察，同时为宝宝湿敷来降温。
- 如果湿敷没有任何作用，您可

以给宝宝服用降温药物。服用降温药物45分钟后宝宝的体温会下降1℃左右。如果宝宝在4—6个小时之内服用了2—3次药物依然未能降温，您必须带着宝宝去看医生。

• 对于发烧后容易出现痉挛的宝宝，您不能只关注发烧的原因，还要了解宝宝为什么痉挛。

医疗

医生会对宝宝进行诊断，并决定服用药物的同时是否对宝宝采取其他方式进行治疗。如果发烧由细菌引起，可以服用抗生素。发烧最常见的原因——病毒感染，病毒感染时宝宝不适合使用抗生素。这种体温升高的现象持续5—7天会自行消失。请您详细了解相关知识，避免不必要的担心。

发烧痉挛

也许您刚刚把宝宝放到床上，虽然他看起来很有精神，但您感觉到他有些发热。您还未关上门，就听到了床的响声。当您回头看时，您会惊讶地发现，宝宝整个身体都在抽搐。

典型症状

宝宝的身体出现肌肉痉挛或身体如痉挛般地伸张。宝宝感觉很热。抽搐的时间会持续几分钟，甚至半个小时至一个小时。

病因

6个月到4岁的孩子常出现发烧痉挛现象，尤其2岁的宝宝更常出现这种状况。多为上呼吸道感染或其他疾病引起的体温迅速升高。

您可以：

• 您可以将孩子放在柔软的地方以防止其受伤。请不要试图阻止宝宝抽搐。

• 解开宝宝的衣服，尽量让宝宝采取侧卧的姿势(参见第238页图片)。同时采取降温措施（服用降温药，为宝宝湿敷）。

• 宝宝第一次发生痉挛后，您必须带宝宝去医院查明宝宝痉挛的原因。如果确定痉挛是由体温迅速上升引起，医院会向您介绍相关预防措施和相应的药品。急救电话应该一直在您手边。

注意：

如果宝宝1—2分钟后停止抽搐，请带宝宝去看医生。若宝宝抽搐的时间超过2分钟或又开始抽搐，请立即拨打急救电话。时刻关注宝宝。

黄疸病

所谓新生儿的黄疸病——60%的新生儿都会出现——并不是真正的疾病。这是一种皮肤颜色的变化，包括眼白也会变成黄色。通常在宝宝出生2—4天后开始出现，然后迅速加重。

病因

皮肤等变黄是因为宝宝出生后新陈代谢很快，红细胞寿命较短。红细胞破坏时，其中包含的血色素会分解，生成的胆红素通过肝脏运输到胆总管，并从大肠排泄出去。因为新生儿的肝脏功能还不能完全运转，便会造成胆红素的堵塞，在宝宝的皮肤上沉淀为黄色。肝脏几天之内会将堵塞物加工，皮肤的颜色也会随之变得正常。值得注意的是：母乳喂养的宝宝患黄疸病时会比非母乳喂养的宝宝严重。

医疗

美国的科学家并不将黄疸病视为疾病。尽管如此，医生还是建议宝宝皮肤呈现明显黄色时，测量宝宝血液中胆红素的含量。如果宝宝在出生第2周时出现了明显的黄色皮肤和眼部硬茧，您必须马上带宝宝去看医生或叫救护车，并测量胆红素的含量。这时医生会给宝宝抽点血，如从脚后跟的皮肤上抽血。如果您发现宝宝的胆红素在增长，并伴随着困倦时间增加、

黄疸病可能带来的病变

为了确保宝宝的黄疸病只是母乳黄疸病而非其他疾病症状，应该为宝宝抽血化验，测试胆红素的含量和其他物质的含量，如血细胞计数，以及CRP（蛋白物质，其数值可反映炎症程度）。在极少数情况下黄疸病与母子血型不兼容有关，如Rh因子。如果存在这种问题，母亲在怀孕初期就应该被告知。现在还没有有效的治疗方法。

不爱喝水、发烧和呆滞的症状，必须马上带宝宝去医院。

在夜晚和不方便的时间（周末、节假日）您也不必担心，您依然可以带着宝宝去医院，医生可以查清病因并马上告诉您宝宝胆红素的含量是否过高。胡乱的建议，如让宝宝多晒太阳，是完全错误的，只会伤害到宝宝。

● 如果检测出宝宝胆红素的含量过高，一个非常简单的方法可以快速并持久地降低胆红素：光疗。宝宝会被放在一个有明亮灯光的保温箱里，通过光的作用使胆红素的含量在几个小时之内迅速降低。

● 您不必害怕光疗这种治疗方法，它仅是一种纯粹的预防措施。

关于胆红素含量的界定世界各地都不一样。在德国大多数妇产医院，若宝宝血液中胆红素含量在每毫克 16%—20% 之间，便可以确定宝宝患有黄疸病。宝宝出生的时间和妊娠时间会影响胆红素的比重。在治疗期间胆红素的含量每天会降低大约 0.02 毫克，几天后就不需要再进行治疗了。如果找到了宝宝黄疸病的原因，就可以单独为宝宝拟订治疗方案。

● 在光疗期间您可以随时见到您的宝宝。哺乳时，您可以将宝宝抱出保温箱，因为肠道蠕动会促使胆红素通过胆和大肠迅速消解。

新生儿皮疹

宝宝在羊水中畅游了 10 个月后，皮肤接触到的外部空气是干燥的，这对于他们来说是很大的刺激，会让大多数新生儿的皮肤出现红色斑点，这并非疾病。

所谓的新生儿皮疹，是一种红色的斑疹，几分钟内还会发生变化，但对皮肤无害。新生儿发生皮疹原因尚不清楚。而出现在鼻子和下颌上的黄色的突出物是堵塞的皮脂腺。

所有这些现象都会自行消失，父母无须担忧。对于乳痂和皮肤干燥的治疗建议请参见第 221 页及第 228 页。

睾丸肿大

这种疾病多发生于新生的男婴，尤其是早产的男婴，症状为其中一个睾丸或两个睾丸在出生时未进入阴囊中。

若宝宝出现睾丸肿大的现象，父

母需要耐心等待。大概几周后，睾丸会回到正常的位置并且能够被看到。如果超过 6 个月，睾丸仍未回到阴囊，您需要带宝宝去医院咨询治疗方法并开始治疗。最迟在宝宝 2 岁时必须完成全部治疗过程。激素治疗或手术治疗必不可少。但请您不要过分担心，大多数宝宝的睾丸都会自行进入阴囊中。

髋部发育不良

髋部发育不良是先天的髋关节生长障碍，若不及时采取治疗措施，会影响宝宝走路，严重的情况需要手术治疗。为了避免影响宝宝发育，在宝宝进行第三次体检时建议进行髋部扫描。这种疾病的发生很大程度上是由于遗传因素的作用或者是怀孕期间宝宝的臀位不佳。

医疗

髋关节生长障碍由儿科医生和矫形外科医生进行诊断，可以通过超声波检查发现，也可以通过后续的超声波检查得出治疗方案。

- 基于超声波检查结果医生会清楚哪种治疗方案更有针对性。

如果宝宝在 2—3 个月时被诊断出髋关节生长障碍，或大腿骨从尚未伸展开的髋关节处滑落出来，矫形外科医生必须立即采取治疗措施。

注意：

请您考虑清楚：及时治疗髋关节生长障碍可以保证宝宝正常成长。

几个月之后宝宝就不需要再穿开裆裤了。

上呼吸道感染

这是宝宝 1 岁时最常出现的病症。幸运的是这种感染是无害的，我们只需要了解如何应对。

注意：

即使是无害的病毒感染也可能出现并发症。

- 宝宝不断地喊叫可能是中耳炎的早期征兆。
- 6个月内的宝宝体温超过38.5℃时需要去看医生。
- 宝宝哭闹和气喘可能是气管炎和肺炎的征兆。

典型症状

典型的上呼吸道感染症状并不能立即被发现。原因可能是父母或兄弟姐妹们刚好痊愈。这就不难找到病因。这种情况下宝宝通常生物钟被打乱，变得不想喝水也不想进食。患病初期多出现呕吐现象。流鼻涕的现象并不是十分明显，咳嗽也要等一天才会出现，宝宝有时候并未伴有发烧状况。若宝宝感染后开始发烧，会立即出现咳嗽和流鼻涕的现象。

病因

通常病毒是引发这种感染（参见第 211 页）的原因。这是婴儿时期的典型疾病，病症并不仅仅出现在上呼吸道中。宝宝越小，感染越严重。所以除了鼻子、咽喉的不适，宝宝还会腹泻。日夜不分和厌食也可能是上呼吸道感染引起的。

上呼吸道感染会导致吞咽困难，同时影响鼻子的呼吸功能。鼻子被堵塞，呼吸受到阻碍，但还可以呼吸。宝宝鼻子中会流出透明的或黄色的鼻涕。即使气管没有被感染，宝宝通常也会出现咳嗽的状况。所有这些感染症状会持续一周，随着年龄的增长持续时间可能会略长。此后症状会自行消退。

您可以：

对于没有伴随发烧和呕吐现象的轻微感染您无须采取任何措施。

• 宝宝厌食：

若宝宝尚处于哺乳期，您可以继续为他哺乳——遵循少食多餐原则。如果宝宝并非母乳喂养，您可以在茴香茶里加入 5% 的葡萄糖。喂食茴香茶后，宝宝的奶量应减半。现在不能用勺子为宝宝喂食，等他痊愈后才可以。

• 宝宝发烧：

首先测量体温(参见第233—234页)。

如果您的宝宝被感染，脸色苍白且有些虚弱，您应该为宝宝湿敷、喂服降温药布洛芬或其他药物。

• 宝宝流鼻涕：

如果宝宝的呼吸没有受到影响，您无须采取任何措施。若宝宝鼻塞以致无法用鼻子进行呼吸，您可以为宝宝使用盐滴剂或让黏膜收缩的鼻部药水（药物参见第 236 页，方法参见第 233 页）。

与感染有关的因素：

当您给医生打电话时，医生需要了解：

- 宝宝生病多久了？
- 您最开始注意到的现象是什么？
- 宝宝拒绝进食或呕吐吗？
- 他1小时内咳嗽多少次？
- 呼吸时鼻翼会动吗？
- 宝宝有没有呼吸困难？
- 脸色苍白还是红润？
- 咳嗽听起来什么样，干咳，剧烈地咳嗽，沙哑还是有痰？
- 宝宝鼻子能呼吸吗？
- 宝宝发烧吗？

- 宝宝咳嗽：

如果宝宝干咳且夜晚不能入睡，您可以让宝宝服用祛痰的止咳糖浆。请在药店或向医生咨询相关药物信息。如果宝宝咳嗽的症状有所缓解，您就什么都不需要做了。

- 宝宝生病时，要保持房间空气清新，这样有益于宝宝的呼吸系统。婴儿房的温度在夜晚不要超过18℃，4—6周的宝宝即使在冬天也可以穿得厚厚的在窗边或是室外待上几小时，这对宝宝很有好处！

百日咳

百日咳是一种在婴儿中多发的疾病，通常会持续数周。在未接种疫苗的宝宝中发病率更高。医生提倡使用新型的无副作用的疫苗，希望可以在未来的几年之内抑制这种疾病的发生。百日咳会通过面对面的咳嗽传播（距离最多为2米）。

如果您得知宝宝与患病的孩子有过亲密的接触，请立即带宝宝去看医生。及时使用抗生素可以抑制这种疾病的发生。

典型症状

百日咳最初症状与普通的咳嗽无异。但对婴儿有一定的危险，很可能会导致婴儿突然呼吸中断。

婴儿猝死：因素和预防

过去婴儿猝死的概率明显比现在高很多，尤其是2—4个月的婴儿。早产儿、有呼吸障碍和心脏疾病的宝宝，母亲在怀孕期间吸烟和吸食毒品的宝宝更容易出现猝死现象。这些危险因素让我们非常担忧。

研究结果表明，以下措施可使婴儿猝死的概率降低大约60%。

- 仰卧代替俯卧；
- 保持卧室温度18℃左右；
- 让宝宝睡在自己的床上，靠近父母；
- 采取母乳喂养的方式，不要喂辅食；
- 避免食用蜂蜜和糖浆；
- 使用固定的无害的软垫；
- 不要在宝宝床上放被子；
- 不要用枕头；
- 使用安全的睡袋（您可以到婴儿商店了解相关信息）；
- 母亲怀孕期间及哺乳期间禁止饮酒；
- 母亲怀孕期间和在孩子身边不要吸烟；
- 母亲不要吸毒。

如果宝宝存在猝死的风险，那么医生一定会向您解释这种风险并和您一起对宝宝采取保护措施。多方面了解会让您和宝宝可以睡得安稳些。

如果您担心您的宝宝，一定要让医生了解。他会非常重视您的忧虑。

注意：

如果您怀疑宝宝患有百日咳，务必带他去看医生，这样可以防止呼吸中断的发生，同时减轻百日咳的危险。

大一点（6个月以后）的婴儿就不会出现呼吸中断的现象了，但是在夜晚偶尔会出现伴有哽咽和呕吐的咳嗽。这种情况最多持续4周。

您可以：

务必要求医生为宝宝进行详细的诊断，确定他是否患有百日咳。抗生素治疗并不会使发病过程改变，但会确保宝宝在 10 天后不会传染给他人并可以和其他宝宝一起玩耍。当然，针对百日咳还没有长期有效的免疫药物。

乳痂

这种普遍的皮肤变化多发生在 6—8 周大的宝宝身上，宝宝的头部皮肤会出现黄色的有屑表皮。

乳痂的产生缘于皮脂腺的机能亢进。

- 乳痂并不能被简单地洗掉，也不能用刷子去除。
- 最好在晚上用油（橄榄油、杏仁油或婴儿油）涂抹患处。第二天鳞屑便会消解，此后只需用温和的洗发露便可以将其洗掉。每周涂抹 2—3 次，乳痂便会消失。

中耳炎

宝宝常常因为上呼吸道感染而患上中耳炎。

典型症状

严重的耳痛或耳道入口处的压痛（小心地在耳道入口处用手指按压，宝宝会有痛感）以及宝宝经常抓耳朵并不是中耳炎的标志性症状。

如果鼓膜已经穿孔，耳朵就会开始流出脓状物。同时，疼痛感会减轻，因为裂口降低了对鼓膜的刺激。

病因

中耳是耳部的一个结构。中耳的外部主要结构是十分敏感的鼓膜，它介于外耳道与鼓室之间，中耳还通过咽鼓管从鼻部通气。如果鼻腔黏膜发炎并且肿胀，那么鼻部到中耳的通气管道就堵塞了。当中耳处的空气被消耗完并且鼓膜由于低压或者化脓感染发生变化时，疼痛感就可能会产生。

注意：

如果怀疑宝宝患上了中耳炎，您一定要带他去看医生。当宝宝患上了中耳炎时，需要您的细心照料以及医生的专业治疗。

您可以：

- 如果没能及时得到医生的诊治，您可以先为宝宝点鼻药水来暂时帮他缓解痛苦。滴鼻剂（第 236 页）有利于咽鼓管恢复功能，可以减少鼻腔分泌物，咽鼓管的肿胀、阻塞也会随之减轻。您也可以使用布洛芬栓剂或其他药物。

医疗

只有经过医生的诊断才能确定宝宝是否患有中耳炎。重点在于减轻因鼓膜裂口而产生的持续发炎症状。通常医生会给宝宝使用抗生素。

脐部问题

如何护理宝宝的脐部？人们把干燥看作是最合适的护理方式（您可以在第 49 页“脐部护理”部分了解更多详细内容）。脐部保持干燥才会使宝宝免于细菌的侵害。在脐带完全变干之前，它很容易出水，有些地方甚至会出一点血，对此您不需要担心。但也会有个别宝宝出现脐带持续出水、发炎或者脐部产生其他变化等问题。

病因

如果脐部发红且有黄色的分泌物，常见原因为脐部发炎。这时宝宝需要儿科医生的治疗。若宝宝脐带末端开始增生，医生则需要将这个小结切除，那么宝宝就会有一个鼓起的肚脐。如果在脐部能摸到一个缺口或者能看到它向前隆起，那么宝宝可能患上了脐疝。通常脐疝会在几年内慢慢自行消失，但您仍然需要在儿科医生处详细了解这种病症。

您可以：

- 如果宝宝脐部持续出水且根本没有变干的迹象，您需要让宝宝的脐部在空气中暴露至少 5 分钟使之变干。之后将脐部药粉轻轻扑到上面，再用消毒的医用纱布盖在上面，用两个小的膏药胶带粘住。您可以在诊所购买脐部药粉以及纱布垫。如果诊所没有这些物品，您可以凭处方去药店买。
- 如果宝宝脐部持续分泌少量浅色的液体，您需要在医生那儿详细了解其原因。若宝宝脐部发炎很严重且持续时间很长，则需要为它做涂片来检查细菌的情况，然后再用抗生素进行治疗。
- 如果新生儿出生后几天脐部仍有出血症状，您应该向医生进行相关咨询。

阴道的黏液及血液分泌物

这种症状通常是由于宝宝出生前在母亲身体里受雌性激素的影响，出生后，雌性激素来源中断，对女宝宝机体产生了影响。

通常女宝宝阴道会排出一些光滑发亮的分泌物，大约从第三天起，分泌物中可能会连续几天含有少量的血液。这种状况一般 7—10 天可自行消失。

真菌性口炎

真菌性口炎是一种真菌感染疾病，可能出现在口腔黏膜及与尿布有接触的皮肤处（参考第 227 页，与尿布性皮炎相区别）。

典型症状

宝宝的嘴里会突然长出白苔，不仅舌头上有，两颊也可能会有。

如果您尝试用勺柄或者刮刀小心翼翼地将白苔刮掉，这些部位可能会出现血痕。

病因

真菌性口炎是一种相对无害的真菌疾病。由于宝宝身体功能出现紊乱，比如感染初期或者其他方面的健康紊乱状况，真菌快速地在口腔中积聚。这些真菌会进入大肠并且可能在排便时随着排泄物排出而引起皮炎。真菌对口腔黏膜的侵害通常没有太大伤害。

医疗

- 尽管真菌性口炎对宝宝的伤害不大，您仍然需要带宝宝看医生。医生确诊后会为宝宝开专门的治疗药物。
- 针对真菌性口炎有多种不同的药物疗法。您可以每天用棉棒在宝宝的嘴里涂抹药物或者把滴剂滴到患处。

白苔的消除需要几天时间。如果在用药后三四天内仍没有好转，您需要再次带宝宝去看医生。医生会酌情为宝宝更换药物。

流口水

流口水或者呕吐是婴儿常见的一种症状。一些婴儿口水流得太过频繁，使父母开始变得沮丧。为了去除胃酸的味道，他们需要清洗婴儿的一切用品、床单以及妈妈的衬衫。若宝宝不费力气地、不产生痛感地吐出少量食物，妈妈们无须担心。我们需要将这种情况同真正的呕吐（参见第212—213页）区分开来。

偶尔在喂食后几个小时宝宝还会出现流口水或呕吐的情况。当宝宝采取俯卧的姿势且身体来回摇晃时，或者宝宝的腹部肌肉绷紧以及宝宝哭笑时，他都可能会流口水。

病因

在婴儿期，宝宝控制胃部上方食管的括约肌还没有充分发挥功能。此外，食管笔直进入胃部，然而胃下方的十二指肠变得弯曲，以致胃里的食物很难顺着弯曲的肠道继续向下移动。我们可以将这个过程比喻为一个装满液体的敞口瓶，稍微一摇晃就会有液体从瓶口溢出。

您可以：

• 向儿科医生咨询，了解这种情况是否需要注意。

若宝宝虽有流口水的症状，但体重仍然在增加，您只需要等待。通常在宝宝可以站立或坐着的时候，这种症状会逐渐消失。

• 您可以让宝宝躺在较高的地方，让他的身体向右侧卧。此外对于非母乳喂养的宝宝，可以在他的食物中添加角豆粉并调稠。用面糊给宝宝做辅食后，宝宝吐口水的症状会随之变少。

眼疾

宝宝每天早晨醒来时眼部分泌物很多，眼睛睁不开的情况也并不少见。

典型症状

黄色的分泌物混合着眼泪积聚在宝宝内眼角处。两只眼睛都可能出现这种症状。在擦掉分泌物让宝宝眼睛睁开后，会有眼泪顺着宝宝的脸颊流下来。宝宝午睡醒过来时，还会出现和早上一样严重的症状。

病因

这种病症的起因是在眼泪分泌的过程中发生了紊乱。宝宝可能从出生时起就有这种症状，也可能出生后因为鼻腔感染而患上眼疾。鼻泪管上接泪囊，向下开口于下鼻道前上方，眼与鼻借此相通。如果鼻泪管狭窄或者发炎就会引起眼疾。眼泪没能流下来，发生了堵塞并很快又化脓发炎。在这种情况下，您有必要找一个有经验的儿童眼科医生对宝宝的鼻泪管进行治疗，使其恢复正常。

您可以：

- 用消过毒的盐水给宝宝清洗眼睛，注意要沿着外眼角向内眼角的方向擦拭。
- 根据医生的处方在药店购买眼药水。使用眼药水可以很快消除化脓发炎的症状。但是，由于鼻泪管依然狭窄，在使用滴剂后炎症还会重新出现。

干燥的皮肤

一些宝宝的皮肤很干，摸上去不够柔软。这时，您可以有规律地给宝宝的皮肤涂上油脂，每天2—3次，皮肤状态很快会得到改善，重新变得柔软。皮肤干燥可能是神经性皮肤炎的前兆，婴儿在3个月左右时可能患上神经性皮肤炎，这种疾病也被称为湿疹。这也与遗传因素有关。详见第207—208页有关过敏反应的内容。要坚持每天给皮肤干燥的宝宝涂抹油脂软膏或者在洗澡后为他涂润肤乳。要按时护理宝宝的皮肤。您还可以向医生咨询合适的药物。

吵闹不安

并不是所有的宝宝都是安静的小天使。很多宝宝都有着不安的灵魂，这些宝宝看似持续不断的不满足感会让新手父母不知所措。宝宝的这些特殊脾气甚至在母体里就已经显现。

这些特殊脾气很多都是与生俱来的。比如宝宝的肌肉张力：如果宝宝的肌肉很有力，他就很容易兴奋，会容易哭闹，同时还可能会有抖动的情况出现，但这并不是什么大不了的事情。如果宝宝饿了，他通常会大声地哭喊，然后贪婪地喝奶，喝的同时会很快安静下来。

您可以：

您可以问问宝宝的外祖父母和祖父母，您和宝宝的爸爸婴儿时期是否也容易兴奋。此外，医生在为宝宝进行第二次检查时会告诉您宝宝会出现的状况，您要对此有所准备，不过您也没有理由太过担心。

• 如果宝宝的不安反应主要体现在睡眠困难以及无理取闹的哭喊，这会给父母特别多的压力。在本书第68页和第65页您可以找到处理宝宝不安情况的相关建议。

便秘

如果宝宝的粪便太硬，他会备受折磨。若肠子末端受到摩擦，排便会让宝宝更痛苦，粪便也会因此变得更硬：恶性循环开始了。

一般母乳喂养的宝宝没有这个烦恼。他们虽然可能经常连续几天不排便，但当他们排便时，大便通常是柔软的稀糊状，并不会便秘。

便秘可能会持续一段时间。如果您的宝宝在此期间很健康且饮食方面未出现问题，您就不必为此担心。

典型症状

便秘指的是大便干燥，排便困难，有时还会让人产生疼痛感。当您为宝宝包尿布时，宝宝会哭喊，会明显地感到疼痛，可能由于粪便通过肛门时导致肠黏膜撕裂而带有少量的血。

便秘可能每天或者隔时较久地出现一次。

病因

喂养不合理是常见病因，如食物中固体含量较多，液体太少。肠狭窄这样的机体原因是很少见的。

注意：

绝对不能使用泻药！

您可以：

• 便秘经常随着辅食的添加而出现。您可以将牛奶中水的含量增加10%，或额外给宝宝喂些液体，比如水或茶。

• 如果非母乳喂养的宝宝开始有顽固便秘的倾向，您可以和儿科医生一起考虑为宝宝更换食物或者通过添加乳糖或相似的食物让宝宝的粪便变得柔软。

• 如果已经开始给宝宝喂辅食，您需要把苹果和香蕉从宝宝的食谱上删掉，可将泡软的李子干捣成的泥状物或者将浆果、梨、含乳糖的苹果酱添加到辅食中，这些都可以使宝宝排便重新变得通畅。您也可以用洋姜代替胡萝卜。

- 您可以在晚餐的辅食中加入一些天然酸奶，用全麦麦片和面包片作为辅食材料。

- 将凡士林塞进宝宝的肛门，向内压，使其接触到大肠口，这样也可以缓解便秘。您一定要剪短指甲后再为宝宝进行此项护理，避免伤到宝宝的皮肤。当然，在护理宝宝前后您需要将手洗干净。

- 如果宝宝从出生起就有顽固的排便困难的问题，那么需要由医生来诊断是否患有肠狭窄，但这种疾病的确很少见。

腹股沟疝

该病在男婴、女婴中都有一定的发病比例，多见于早产儿。腹股沟疝可能在单侧或两侧出现，表现为凸起的包块，通常会伴有痛感。若您的宝宝大哭且无法被安抚，很有可能是宝宝出现了肠梗阻，您必须立即带宝宝去医院就诊。

男婴出生时患有阴囊水肿

一些男婴出生时，睾丸一侧或者两侧可能会有水肿。如果您在一个昏暗的房间用手电筒从后面照宝宝的阴囊，会发现他的睾丸会发出亮光。您不必惊慌，睾丸外层积水可以在几周后自行被吸收。如果水肿长时间未消失，您需要和儿科医生说明情况，通常他会建议您带着宝宝去找外科医生。

尿布性皮炎

尿布覆盖下的皮肤可能会发炎，这是婴儿时期很常见的现象。一般尿布接触到的皮肤会出现发红的现象，甚至局部皮肤会出现肿胀、脱皮或结痂的症状。

病因

引起尿布皮炎的原因有很多。

首先可能是食物里的一些营养元素对宝宝的身体产生了刺激，这种状况可以通过频繁更换尿布得到改善。其次皮炎也有可能由真菌感染引起，真菌感染的主要症状是感染部位出现脱皮并且面积持续扩大。但真菌感染的情况并不多见。尿布接触的皮肤会形成脓包，脓包里会流出淡黄色的液体。

您可以：

- 氧化锌软膏可以很快消除由尿布引起的皮肤发红，而且不需要处方就可以购买。

- 勤换尿布以及每天对患处皮肤进行两次 10 分钟的红外线照射治疗都可以产生疗效。红外线照射时要距离皮肤 75 厘米左右。

- 如果宝宝是母乳喂养，您可以通过调节自己的饮食来帮助宝宝。您可以将酸性水果，如柑橘和莓类，酸性蔬菜，如西红柿和柿子椒，以及酸性的饮料、坚果、巧克力等加工品从您的食谱中删去。

- 如果辅食已经在喂养宝宝的计划中，您应该准备一些属性温和的果汁和果泥，如葡萄汁和梨做成的果泥。

- 若您怀疑宝宝患了尿布引起的真菌性皮炎，您需要带他去看医生。如果医生证实宝宝的确患上了这种疾病，他会给宝宝开一剂特殊的软膏。您需要有规律地给宝宝涂抹至少 1 周的时间。经常更换尿布也可以对治疗真菌性皮炎起到辅助作用。如果尿布接触的皮肤仍然持续发红，甚至在治疗后变得更严重，您必须再次带着宝宝去看医生。

水痘

水痘属于传染性疾病。新生儿和幼婴并没有从母亲身上获得抵抗水痘的能力，即使有些母亲已经患过这种疾病。2004 年 8 月以来，所有孩子和青少年都必须注射抗水痘疫苗。此疫苗的最佳接种时间为宝宝 11—14 个月期间，也可以在宝宝 14 个月后的其他时间进行接种。

水痘的传染性很强，宝宝很容易受到感染。但对宝宝来说水痘并不可怕，因为它对宝宝几乎没有危害。尽管如此，还是需要医生的介入。

典型症状

水痘会很快遍布全身。最开始它通常是一些斑点，在几分钟或几小时内，斑点上面会形成一个小水泡，再过几个小时，水泡开始慢慢干瘪、变干，水泡中间出现一个凹陷，凹陷处会很快结痂。结痂在几天后自动脱落，变成一块有色素沉着的斑点，此时宝宝已经痊愈了。

水痘的特点是出现不同的皮肤现

象，从斑点、水泡、凹陷到结痂，这些症状在宝宝患水痘时都体现出来。如果水痘长在角膜、口腔黏膜、肛门或者阴道处，疼痛感会非常强。若水痘被抓破，可能会流脓并留下疤痕。

您可以：

通常来说，水痘只会让宝宝皮肤发痒，不会给宝宝的健康造成危害。

- 您可为宝宝涂抹止痒的药液，但是在为宝宝用药前您必须咨询医生，因为有些方法可能会引起皮肤过敏。
- 只要结痂还没有从皮肤上脱落，水痘就仍具有传染性。在宝宝得了水痘的后 10—12 天，您可以为宝宝洗澡并且小心地将这些结痂去除。

牙痛

通常宝宝 6 个月大时开始长牙。

典型症状

在宝宝长乳牙（前门牙，或者左侧和右侧门牙）之前，他会频繁地流口水且经常哭闹。这些都是宝宝长乳牙的预兆。

长乳牙的时期许多宝宝喜欢咬硬物，有时也会造成牙龈红肿。宝宝在此时对触摸的反应也会变得很敏感。还有一小部分宝宝会有发烧或者腹泻的症状。这些症状在宝宝两周岁前可能反复持续出现。

您可以：

- 有时一个咬环就足以应付长乳牙给宝宝带来的不适。
- 如果您在宝宝的牙龈上抹些止痛的药膏（普通药店有售且不需要开处方），宝宝会觉得很舒服。
- 如果这些措施都不起作用，您的宝宝仍然吵闹不安，难以入睡，您可以给宝宝使用一些婴儿栓剂（如布洛芬）。

并不是所有疼痛都是牙齿的问题

许多父母都喜欢把宝宝出现疼痛的原因归结到牙齿上。但只有一小部分疼痛真正由牙齿引起。发烧、腹泻和过敏都是婴儿期常见的病症。宝宝在长牙时很容易感染一些传染类疾病。

护理生病的宝宝

宝宝生病时您不用刻意做什么，您仍然可以像往常那样照顾他。清洁、饮食和舒适度方面相信您已经了如指掌了。宝宝生病时您只要注意以下几个方面即可：

- 您的宝宝并不了解他的身体情况。
- 他没有能力表达他的需求。
- 由于生病他会变得比之前还要被动。

因此您需要陪在他身边，仔细地观察和照顾他。如果您能在这段时间把全部精力都集中在宝宝身上，这将对他非常有益。此外要给宝宝补充充足的水，并观察他是否按时排泄（这意味着：至少尿布是湿的）。您的观察会给医生提供很大的帮助。

这段时间宝宝非常需要您在他身边（在宝宝好转后，您依然要持续观察宝宝）。请您一定要温柔地对待他，让他感觉温暖，因为每一句关爱的话语、每一次轻抚都会增强宝宝的生命力和抵抗力。

通常宝宝的病都不会对生命造成威胁，所以您不必过于担心。但如果宝宝病得很重，那就很危险了。应对这种情况的办法是：您需要判断宝宝病得是否严重，且在危急情况下保持冷静，处理得当。在医生的帮助下相信您可以应付。还有一个建议：请您保护其他宝宝不受传染——不要带您的宝宝去幼儿园。

给爸爸们的特别建议

照顾生病的宝宝并不只是您妻子的责任。如果您和您的妻子都需要工作，您最好能与妻子轮流照顾宝宝。如果您的妻子出于工作的原因不能照顾宝宝，那就需要您来照顾了。同样的，如果您的妻子生病了，您也要承担照顾宝宝的责任。请您在空闲时间和您的妻子一起照顾宝宝——无论他健康还是生病——这样您在遇到紧急情况时便不会手忙脚乱。您的妻子也能放心地把宝宝交给您。

在家里护理宝宝

如果您的宝宝能在家里接受治疗，对您和宝宝来说都是最好的。

这么做的前提是宝宝能得到24小时的看护。在这段时间您无论如何都不能让他一个人待着。当然您可以向您的母亲或者朋友求助，让他们和您轮流照顾宝宝。但是，宝宝还是最喜欢您在他的身边。他觉得不舒服时就会向您寻找安慰和依靠。

这并不意味着您要每分每秒待在宝宝的床边。只要保证他在您的视线范围内即可。您可以把宝宝放在婴儿车里，然后在房间里做自己的事。当宝宝和您不在同一个房间时，您可以打开宝宝监控器（详见第250页）。晚上休息时您要把他的小床放在您的床边，陪他一起睡。

婴儿房

- 宝宝房间的最佳温度是18—20℃。夜里可以适当降低2℃。
- 新鲜的、湿润的空气最让人感觉舒服：如果房间较热，您可以打开窗户。如果天气寒冷，您也要在宝宝不在房间时适当通风。
- 加湿器会使灰尘和病菌扩散。您可以在暖气片和烘干机上挂上湿毛巾。

生病宝宝待在什么样的环境下

- 不要把宝宝立即隔离：如果宝宝的病情并不严重，让宝宝待在新鲜的空气中对他更加有益。您可以像平时一样带他出去散步，即使是冷风也对他伤害不大。
- 如果您的孩子病得很重且发高烧，那就不能让他受到任何刺激：让宝宝远离炎热、太阳、寒冷、潮湿、噪声和喧闹。
- 不要将发烧的孩子放在温热的地方，这样会使热量积聚，因为宝宝还不会像成人那样调节体温。宝宝可以和平时穿得同样多，但被子不能盖得过于严实。
- 在宝宝发烧期间，您不能给他洗澡，但您可以每天从头到脚擦拭宝宝。您要在水里放入一些水果醋（1升水里放入1勺水果醋）。擦拭完后请立刻将宝宝擦干。擦干后不要把宝宝包裹得太严实，只需要给他穿衣，盖上被子。
- 当宝宝发烧时，您不要立刻使用栓剂为他降温，一个湿敷绷带就很管用。

在家中护理生病的宝宝

很少有人知道有种为父母在家照顾宝宝提供专业援助的机构。在德国，红十字会或一些私人机构会提供这种服务。在您和医生协商后，医生会推荐一位专业人士去您家，给宝宝做检查，打针，或者在您的强烈要求下，他还可以给您的宝宝实施一些特殊的护理措施。他也会教给您一些简单的护理知识，这些护理方法您可以独立完成。这种服务可省去住院费用，也可以在儿科医生开药后由医疗保险公司承担费用。宝宝的医生通常都会知道在您家附近有哪些专业人员。

请医生出诊还是去诊所就诊

有些医生愿意出诊，然而一些小心谨慎的父母更愿意带宝宝去医院。

您应该先联系医生，你们共同来决定将宝宝送去就医还是让宝宝待在家中治疗。如果宝宝发高烧且神志不清，您就需要请医生到家里来，以节省时间。如果您的孩子患的是传染性疾病，您应该告知宝宝的医生，因为针对传染性疾病，医院有专门的候诊室。如果在周末或者节假日诊所不开放，您就要给最近的儿童医院门诊部打电话了。

您要在和医生协商后，按处方给您的宝宝治疗。您会发现：让宝宝在服用药片、使用栓剂和点鼻药水时不哭闹，不让他把吃下去的药片吐出来，这些都不容易做到，更不用说提取尿样了。如果您在医院，可以求助有经验的儿科医生。如果您在家里，您也要寻求其他人的帮助。

最重要的是：无论多困难，您都要保持镇定。

药片还是药剂

您的宝宝可能还不会吞咽比较大的药片或糖衣药丸，因此不能给他服用此类药物。

- 把药片放入宝宝的颊囊，然后立刻给他喂奶。
- 如果您的宝宝已会使用勺子，您就可以将药片放在水里，等它溶解后给宝宝服用。服药后再让宝宝喝一口茶或果汁，这会驱走药的苦味。
- 稍大一点的宝宝服用液体药剂时，您可以加入一些他喜欢的果酱，搅拌后让宝宝服用。

• 如果您的宝宝还不会使用勺子，您可以将药物放入奶瓶。无论如何都要让他把药喝了。或者您可以把药剂抽入注射器中（药店）——当然要去掉针头——在宝宝喝水的间隙将药剂慢慢滴入他的嘴里。当然您需要另一个人在身边帮忙。

点鼻药水

• 将宝宝以仰卧的姿势放在您的膝盖上或者抽屉柜上，让他头部下仰。在每个鼻孔滴入 1—2 滴药水。

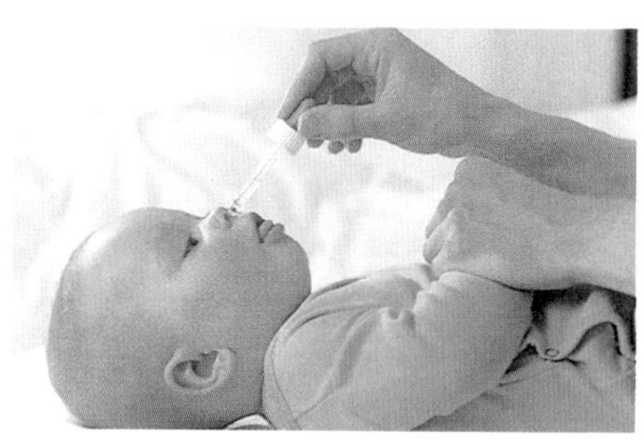

现在到了最关键的步骤：快速地用手将宝宝的嘴合上，让宝宝通过鼻子呼吸，进而把滴剂吸入鼻腔内。否则滴剂会重新从鼻孔流出。

放入栓剂

栓剂有一层柔软的表层，在体温下迅速软化熔融。您可以在栓剂的尖端抹上凡士林，这样可以提高润滑度。

• 让宝宝采取平卧位，用一只手的拇指和食指或者用食指和中指将宝宝的脚踝固定住，轻轻将其双腿抬高。

用另一只手把栓剂圆滑的一头作为前端，轻柔地插入宝宝的肛门，将臀部挤压在一起，然后将宝宝的双腿放下。等待 2 分钟，这期间您要分散宝宝的注意力，您可以亲吻他，和他说话，否则栓剂会很快掉出来。

不要在宝宝哭闹时为其测量体温

在婴儿阶段，原则上要采取直肠测量体温的方法，也就是测量肛门内侧的温度。孩童阶段，肛门内侧的体温在 36.8—37.5℃之间。如果宝宝发烧，那您早晚都要为其测量体温。如果体温在上升，您要隔一段时间为其测量一次体温。最好将测量结果记录下来，这样您在带宝宝就诊时，可以向医生汇报宝宝发烧的情况。

请您使用数字温度计：它既快速又安全，当它发出“哔”的声音时，测量就结束了。测完体温后，请用温水和肥皂将温度计洗净。

• 让宝宝采取平卧位。在体温计水银头部抹上凡士林。用手握住宝宝的两条腿并抬高，露出臀部。拿起温度计，与拿笔的姿势相同，将体温计尖端放入宝宝体内 1 厘米深处。在听到“哔”声后，轻轻将温度计拔出。

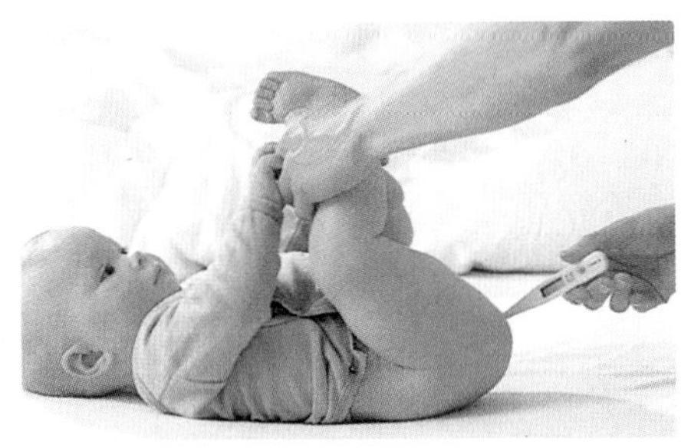

正确使用湿敷绷带

• 在宝宝的两只小腿上缠上温热的湿毛巾。

在湿毛巾外面包上尿布或棉质毛巾，也可以用袜子固定住湿敷绷带。不要包得太厚实，以免热量积聚。

半小时之后您就可以取下湿敷绷带，按摩宝宝的小腿肌肉，等水分消失后，给宝宝盖上被子。

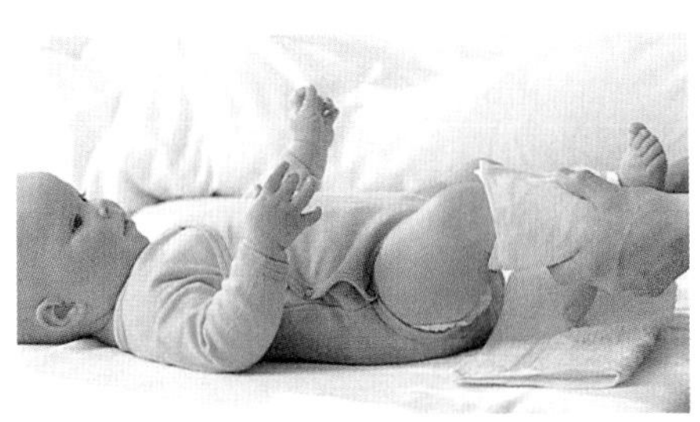

提取尿样

为小宝宝提取尿样很困难。药店里出售一种专门针对男宝宝的小袋子，可将其套在宝宝的阴茎上并用绷带将它固定在宝宝腹部。如果您运气好，就会收集到几滴尿液。但这种办法不适用于女宝宝。您只能守在宝宝旁边，使用一些利尿的小技巧：在此之前给她喝一杯茶，然后喂一些水，或者给她洗洗脚。有的时候在宝宝下腹放一条冷毛巾也会起作用。如果您的宝宝已经会坐了，您可以让她坐在小尿壶上，给她一些玩具或连环画，直到收集到尿液。最好让宝宝的医生给您一个有盖子的塑料杯，将收集到的尿液放入塑料杯中。当塑料杯中盛有尿液了，您可以用防水笔在杯身上（不要在盖子上）写上宝宝的姓名、出生日期、收集尿液的时间，然后尽快将塑料杯送到诊所或化验室。

必须注意：供液和排泄

当宝宝体内液体损耗时身体会特别虚弱。如果宝宝出现拉肚子和呕吐的情况，这种状况会加剧。发烧时宝宝也会失去体内水分。如果您的宝宝过于虚弱不能喝水，就容易脱水。

• 如果宝宝还在哺乳期，您要像往常一样给他喂奶且至少每 4 个小时一次——即使他没有发出饥饿信号。

• 如果您的宝宝喝奶粉或者吃辅食，您要将奶粉减少到从前的一半。稀释过后奶粉营养才能更好地被吸收。

• 此外每次包裹孩子的时候都要注意他的尿布。宝宝的粪便可能会因为生病而发生变化。这种情况下您可以带上一些宝宝的排泄物去看医生。

• 宝宝排便少并不是警告信号。但如果宝宝的尿布特别干，您应该立即告知宝宝的医生。

家庭药箱里应该有什么

准备一些药品放在家庭药箱里，它们能缓解宝宝的病症。但当宝宝生病时，您还是需要请医生为宝宝诊断。每个医生都有他特定的医治药物。在您购置药箱之前，请先询问医生的意见。他会给您开一些专门适合您的宝宝的药剂。您要了解所有处方，并让医生写下来。此外还要注意不要超量服用药剂。适用于成人的剂量一定不适合婴儿和儿童。不能把成人药物简单地分成三分之一或四分之一给宝宝服用。如何正确地存放药物？要将药物放在冰箱吗？已开封的药物，如糖浆、滴剂等很快会变质且容易受到污染的药剂需放入冰箱保存。注意药品的保质期，不能使用过期药品。

宝宝在医院就诊

如果出现紧急情况，您需要马上送孩子去医院（详见第 238 页）。医院有为紧急手术或者紧急检查而准备的候诊室。这会让您感到不安，也许在第一时间更多的是无助感。在这种情况下，请您记住以下准则。

适用于任何情况的基本准则

• 不要和您的宝宝分开，现在他比任何时候都需要您。即便医护人员赶您出去，您也不要离开宝宝。如果宝宝还在哺乳期，您的陪同更是必不可少的：此时更换营养供给对宝宝无疑又是一个负担。

注意：

如果必须将宝宝送去专科医院就诊，意味着您和宝宝必须要分开。如果宝宝还在哺乳期，您要设法让孩子喝到母乳。您可以每隔4个小时用吸奶器吸奶，将母乳装在奶瓶里，放入冰箱。每天将这些冷藏过的母乳送到医院。如果这种方法不可行，您需要将奶倒掉，重新吸奶，这样您才能保持哺乳能力，以后对宝宝的恢复也有好处。这样您也会感觉有事可做，而不是无助地看着，帮不上忙。如果出生几天的宝宝必须入院治疗，您也可以这样做。

家中药箱的基本配置

发烧

您的医生会给宝宝开布洛芬药剂、对乙酰氨基酚药剂、口服液或者栓剂（3个月以上的宝宝）。不到3个月的宝宝您要特别注意，不建议在家自己医治。

腹泻

和宝宝的医生商量后，可以给宝宝服用电解液。这种药物可以平衡体内盐的含量。医生会告诉您药剂的选择和剂量。此外为了安全，在开始这种治疗前，医生需要测试宝宝血液中糖（葡萄糖）、钠、钙、氯和钾的含量或者测试血液的酸碱含量。

流鼻涕

当宝宝的鼻涕特别干燥或黏稠时，您可以使用生理盐水（浓度0.9%，所有药店都有出售）。当宝宝因鼻黏膜膨胀而呼吸受阻时，或不能呼吸甚至耳朵疼痛时，您可以给他使用药性较弱的鼻塞滴剂。注意！鼻塞滴剂只需使用少量即可。

屁股上的伤口

您可以使用氧化锌软膏，比如戴思婷（Desitin）护臀膏。

皮肤干燥：您的家庭药箱里需要备有一支润滑软膏或者油浴膏（可以去药店或者儿童诊所咨询）。不要给宝宝使用您的化妆品。

受伤

宝宝学习跑步的时候常常摔倒，所以对皮肤没有刺激的创可贴是必不可少的。宝宝们都喜欢彩色的创可贴。

● 请您保持镇定冷静，您可以想象所有的治疗办法都很简单。不安的母亲会让医护人员疲于应对，反而忽略了您的宝宝。

● 您的不安会传递给宝宝，这会让他更加害怕。当您觉得压力难以承受时，可以让您的丈夫陪伴宝宝。前提是您已经把宝宝喂饱了。父母能够轮流看护宝宝是最理想的。医生和护理人员也会愿意与宝宝的父母双方沟通。这样他们会了解在什么时间由谁在医院里陪伴宝宝。

如果有住院计划

请您选择有亲子套间的医院。如果您不止一个孩子，您必须要安排好其他孩子的饮食起居。

如果宝宝需要动手术，在麻醉之前您需要一直陪在他身边——因为此时宝宝会非常害怕。如果他感受到您的陪伴，对他以后的成长也会有好处。心思细腻的母亲还会观察她的宝宝，帮助医生进行诊断。

您要试着和医生以及护理人员站在同一战线上。您要和他们相互支持：大家的共同目标都是宝宝的健康。护士也可以向您提供很多在家照顾宝宝的妙方。

住院行李

● 您要弄清楚，住院期间宝宝是否需要使用尿布。如果您的宝宝已经习惯尿布，您需要每天送尿布以及清洗尿布。

● 根据住院时间准备睡衣。您要准备比家里更多的换洗衣物。

● 宝宝霜和香皂。

● 几条换洗内衣裤。

● 洗脸毛巾。

● 安抚奶嘴、玩具、洋娃娃、八音钟或者其他助眠的东西。

● 在医院里还要注意饮食。如果您想让宝宝吃到专门的食物，您应将食材进行加工烹饪后带到医院。

● 要为自己准备卫生用品包、睡衣、零食和书。

为紧急情况做准备

没有人会希望出现紧急情况，但您需要为此做好准备。您应该了解您家附近有哪些医院以及哪个医院的儿科比较知名。即便您出去旅行时，也需要打听清楚附近的医疗状况。儿科医生会给您一些相关指导和建议。选择交通便利的医院，因为在紧急关头您完全没有时间去找医院。

• 小贴士：发生紧急情况时如果医院的救护车不能及时到达，您应该叫急诊医生。

正确拨打急救电话

孩子每次突发疾病都会让您感到不安。因为恐慌您会本能地寻找紧急救援。这是完全正确的!

但是在您打求助电话前，您要确保为孩子实施了相应的紧急救助措施，以避免更危险的情况发生，比如：

• 让宝宝侧卧。

• 将宝宝的衣服敞开，确保其呼吸顺畅。

• 宝宝有呼吸中断的预兆时，为他进行人工呼吸。

• 在拨打急救电话时您需要说清楚宝宝的状况。

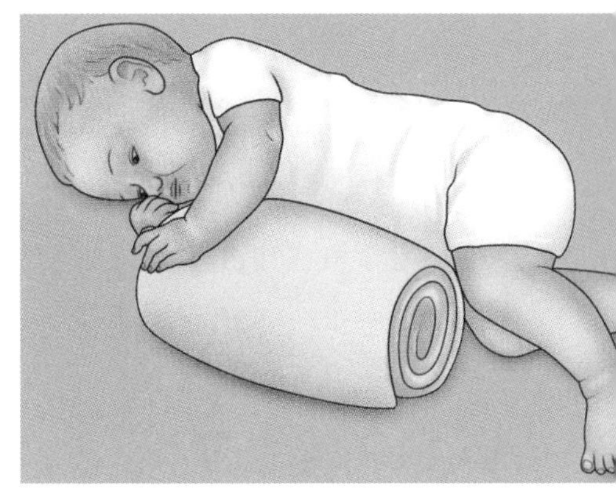

紧急情况下安全的姿势——侧卧。

在急救电话中您需要说明哪些信息

急救中心需要知道该做哪些准备以便帮助您，因此您需要告知工作人员如下信息：

• 发生了什么紧急情况?

• 紧急情况是什么时候发生的?

• 您在什么位置?

• 您的身份信息。

您的急救电话簿

您的手机里应该存有以下电话号码：

- 社区医生电话；
- 儿科医生电话；
- 儿童诊所电话；
- 父亲电话（工作单位）；
- 母亲电话（工作单位）；
- 亲属及朋友电话。

重要的电话号码

通过114查号台您同样可以获知急救电话。

急救电话：120

消防报警：119

警察局：110

为宝宝实施急救

呼吸困难

以下疾病可能会伴随呼吸困难的症状，因此需要您快速辨别。

哮吼

宝宝夜里突然醒过来，声音嘶哑，您能清楚地听见他每次呼吸的声音。他看起来很烦躁，甚至会爬起来摇晃婴儿床，显然是很害怕。此外，他还会剧烈急促地咳嗽。

哮吼是一种由病毒感染引起的喉部发炎，通常还会伴随轻度发烧的症状。此病多发于稍大的婴儿和儿童，在春秋季节的特定天气情况下容易患病。

- 首先您要试着安抚宝宝，抱着他四处走走。这样可以降低他的需氧量，缓解呼吸困难的症状。
- 您还可以将淋浴水温调到最热，打开喷头，让浴室的空气变得潮湿，让水蒸气进入卧室。
- 您需要给儿科医生打电话咨询。如果宝宝仍害怕不安且持续呼吸困难，您需要坐急救车带宝宝去最近的医院。
- 哮吼会反复出现。您在医院可以学到简单的治疗方法，宝宝再次发病时您就能够紧急处理了。

哮喘

哮喘会引起呼吸困难，且和哮吼并不类似。患儿会出现咽痛、声嘶、高热以及吞咽困难、流涎、呼吸困难的症状。其呼吸困难的特征是呼吸过快以及吸气时有呼噜声。

• 哮喘是一种危及生命的严重细菌感染。您一旦怀疑宝宝患了此病，就要立即带宝宝看急诊。不要用勺子查看宝宝的喉咙，这样可能会引起宝宝的反感，加重呼吸困难的症状。

吞入异物

宝宝有时会突然出现呼吸问题。他会剧烈咳嗽，吸不进充足的氧气，脸色苍白。这可能是因为有异物卡在宝宝咽喉处，也许是一颗小石子或者一粒花生。

• 您需要先拨打急救电话，然后立即将宝宝倒置（头朝下腿朝上），再用力敲打他两侧肩胛之间的背部。宝宝可能会在这样的紧急救助过程中脸色突然变白或失去知觉。这种情况下您需要医生尽快帮忙。

此外，您应该参加一些急救课程。如果您知道如何冷静地面对紧急情况以及学会基本的应对措施，您就可以帮助宝宝摆脱危急。

摔跤

襁褓里的宝宝通常不会摔跤。但一旦宝宝摔跤了，您要怎么办？

• 首先要安慰宝宝，然后检查宝宝是否受伤或者他的行为有没有奇怪之处。即使一切正常，您也需要咨询一下儿科医生，看他是否需要给宝宝进行专业医疗检查。当然您可能会觉得自己很粗心，会为这样的失误感到不安，但您大可不必感到惭愧。

• 如果您怀疑宝宝有脑震荡的风险（比如摔跤后宝宝的哭喊声很迟缓，或者宝宝有呕吐及昏昏欲睡的症状），您应该立即带他去医院，让宝宝在医院接受一夜的观察。如果宝宝在摔跤后出现骨折或皮肤出血的情况，您也需要带他去医院就诊。医院通常会检查宝宝是否接种了所有疫苗，因此您要记得带着记录接种情况的手册。

烫伤

热水烫到宝宝会让您十分惊慌害怕。

• 您需要快速地将宝宝烫伤部位的衣服脱下，让烫伤的皮肤在流动的冷水下冲洗至少 10 分钟，然后抱着宝宝安抚他。

• 不要给宝宝使用药用软膏或药粉。必要时您可以用急救箱里的绷带或者干净的手帕给烫伤处进行简单的包扎。

• 您可以带着宝宝去医院进行进一步处理。

中毒

对于成年人来说很平常的东西对于宝宝来说却有可能是很危险的，尤其是药物和烟酒。如果宝宝有中毒症状，您需要尽快拨打急救电话进行咨询，随后您可以进行一些简单的处理。

• 先看看宝宝都有可能吃了哪些东西。通常检查宝宝的口腔可以发现残留的误吞物质。

• 如果宝宝误吞的是药片、植物、酒或烟，您要想办法让宝宝将这些东西吐出来。如果宝宝已经能听懂大人的意思，您可以将手指伸到宝宝的喉咙处进行催吐，接着给他喝大量的水或茶。

• 如果宝宝误吞了洗涤剂，您可以给他服用抑制泡沫的药物，比如婴儿腹部胀气止痛滴露。

• 如果宝宝误吞的是酸液或碱液，则绝不能催吐。您必须给医生打电话询问处理方法。

• 在进行急救之后必须立刻带宝宝去医院看医生。若有可能，您最好带着宝宝误吞的物质，这对检查和治疗会有帮助。

• 如果您把所有的药、清洁液体、烟、酒等都放置到宝宝拿不到的地方，能很大程度地避免宝宝中毒。此外不要把有毒的液体存放在饮料瓶中。

为了避免宝宝发生意外，您需要尽可能把房子布置得安全，不易出事故，比如，使用特别为宝宝安全设计的插座、门窗把手、阳台等。

一切尽在掌握

宝宝的出现使您的生活乱了阵脚，让有序变得无序。在本章中，您将学习到如何更好、更安全地安排家庭生活，如何和宝宝一起郊游，采购哪些物品，您的权利有哪些以及您能得到哪些财政资助。

您的家庭也需要后勤保障。和企业一样，安排好日常生活会帮助您节省很多体力和时间。没有他人的帮助您常常会觉得寸步难行——在本章中您将学到很多安排日常生活的方法。

为自己减负

家庭不仅要适应宝宝出生后的生活节奏，也要保障宝宝的安全。带着宝宝旅行与以往的安排必定不同，您要提前做好计划。因为单凭感觉和直觉并不能做好这件事。

即使在让人疲劳的最初几个月您也要花些时间，写下您需要解决的问题，把它们贴在墙上或者白板上，这会起到很好的效果。您可以和您的先生一起讨论这些问题的解决办法。这听起来虽然有些麻烦，但会很有效。它能激励您的另一半和您共同照顾宝宝，而不是因您的劳累而愧疚。

普遍适用：尽量把钱用于服务而不是购买设备上，即使您一开始可能不会这么做。当您的任务不断增加时，您需要找人帮忙减轻您的负担。

您越早掌握自己的生活，就能越快地再次独立起来。尽管如此，您还是需要很强的应变能力。也许有时您不知道如何采取必要措施，但当您很快地适应这一系列变化时，宝宝也会很快地适应。

家政服务

以前找家政服务帮忙做家务是自然而然的事，现在却变得很奢侈。如今机器和易于保养的设备使家务活变得轻松，但家政服务的收费标准却提高了。我们期待分娩后生活会继续沿着以往的轨道前行，我们可以顺带着完成那“一点儿家务”。但请您计算一下，在分娩后的最初几个月您每天用于哺乳和换尿布的时间是多少：与宝宝亲密接触、哄宝宝睡觉、为宝宝唱歌，还不算上抱着宝宝的时间就已经轻轻松松达到 4—6 小时了。每次出门前花费的时间越来越多，要保持平时的作息却无能为力，诸多事情让您感到过度疲劳，身体也还处于不断适应的阶段。

您不要总是尝试着独自完成所有的事情。您需要尽早考虑清楚，在接下来的几个月里您需要完成哪些任务以及如何减轻自己的压力。

给爸爸们的特别建议

您可能会对这个章节很感兴趣，因为这里有大量实用、客观的建议。您可以在第259页找到需要购买的物品清单。如果您是手工爱好者，并且想亲自装饰宝宝的小窝，您可以参看第250页，那里有适合儿童的用料建议。如果您需要婴儿护理，您可以自己找找看：男性通常会有不错的工作人脉，这种人脉当然也可以用在私人生活上。您可以通过公司布告板上的广告寻找家政服务人员。相对于您的妻子来说，所有对外的事您做起来会更加得心应手。比如说：如果您能帮助妻子承担购物这项任务，这无疑会减轻她很多负担。若您在工作日没时间采购物品，可一个月进行一到两次大型采购。您要鼓励您的妻子请别人帮忙，这对你们双方都有好处。

您可以：

- 家政助理的花费可能是很大的负担，但有了家政人员的帮助您可以同时照顾好您的其他孩子，也可以回到职场中去。和家政人员一起分担家务或允许家政人员同时照顾其他人家的宝宝，可以相应降低您的支出。

优点：宝宝不必外出，您可以把业余时间都用在宝宝身上。

缺点：需要支付费用。

- 在德国，若您有培训家政人员的资格（普通家政人员、家政培训教师或营养师），您可以招收一个学徒。学徒需要一周工作40小时，但这包括接受指导培训的时间：每周最多一天半。

优点：费用低，学徒的培训会持续2—3年，培训也会很有趣。

缺点：培训消耗时间和精力（您不能经常外出工作）。

- 若您家中孩子较多，您可以考虑请互惠生帮忙。按照德国的相关规定，他们每周可帮您做30小时的家务，您需要提供独立的房间、医疗保险、每月175欧元的生活费和语言班课程。

优点：费用低，属于国际交流项目，大一点的孩子还能学习到外语。

缺点：没有试用期，必须提供房间。您需要住在城市或近郊。毁约率高。

信息：中介机构会优先为您介绍互惠生。

- 在不得已的情况下您也可以雇用临时保姆。当您生病时，他们会料理家务、照顾您的家人。

优点：他们是优秀的劳动力，甚至会帮助您料理您的耕地。

缺点：临时保姆只能短期雇用，在雇用期间有时会换人，短期内很难找到。

- 在互助小组中流行这样一句话：分担痛苦可以使痛苦减半。住所相距较近的年轻母亲会组成互助小组，她们会组织互助活动，提供临时照看宝宝的服务，也有家政助理及保姆。必要时您也可以组织建立这样的团体，因为您附近的年轻母亲肯定也都有这样的需求。

优点：费用适中，丰富私人生活。

缺点：需要投入精力并与其他人商讨，不一定总能得到帮助。

- 雇用计时工一直是减负的普遍方式：您可以按照自己的需求雇用计时工，无须承担其他任何责任。

优点：可根据自身需求雇用，按月支付相对较便宜。

缺点：有些情况下不可靠，按小时支付费用高。

- 无论如何都没您心仪的选择？那您就需要动用自己的资源了。

您的家人：宝宝的父亲或其他的近亲，大一点的孩子也可以帮忙。这主要取决于他们是否可以持续为您提供帮助。您可以给他们提供任务清单，如倒垃圾、采购等，然后开始分配任务。

安排家务

在我照顾第一个宝宝时，我认为安排自己的个人领域是多余的，但是慢慢地我变得力不从心。随着孩子数量的增多和工作时间的增多，我学着安排和分配家务。通过这种方式我得到了自由的空间，我用这些时间陪伴孩子或做自己想做的事（有时也陪伴我的丈夫）。

不必每天采购

每次带着宝宝出门都像是要远征：宝宝要吃饱，要换好尿布，衣着要适合天气，心情要好。换句话说：如果宝宝满足了以上条件，您就不要再计划采购了，而应该立刻行动去采购。您不该有采购压力。

如果宝宝哭闹了一天让您感到很疲劳，您应该待在家里，或出门散散步。让别人帮忙采购是个不错的主意。

如何成功地做计划

- 统计一份食材储备表（参阅下页彩色文字），用这些食材您可以烹制出健康的、适合哺乳妈妈的菜肴。将您用完的食材写在纸条上贴到冰箱门上。您丈夫或您在下次采购时就可以优先购买这些东西，然后再把它们从纸条上画掉。

- 免费送货上门：找一家能免费送货到家的食品杂货店。现在许多商店都提供这项服务，甚至还会提供特殊的母婴装食材和家庭装食材。送货的费用虽然有些贵，但您得到的都是您真正需要的。您不会因一时冲动而购买一些不必要的东西，而且送货上门服务也不会贵太多。在这种情况下，

食材储备

在制订采购计划时要倾向于购买营养物质含量高的食物。藜麦和苋菜营养价值很高且容易烹制。

蔬菜

2.5 千克土豆，1 千克胡萝卜，1 个红辣椒，1 头蒜，一捆芹菜或茴香。

水果

1 千克苹果，1 千克香蕉。

奶及奶制品

2 升含 1.5% 脂肪的鲜牛奶，100 克低脂切片奶酪，100 克帕尔梅干酪，2 杯酸奶，0.5 升含 10% 脂肪的奶油。

营养品

250 克水果、坚果混合麦片，1000 面粉，250 克大麦或小米，250 克燕麦片，250 克粗玉米粉。

油脂

0.5 升菜籽油，250 克人造黄油或黄油。

肉类 / 鱼类

1 瓶家禽肉肠，50 克牛腿肉，1 块低脂意大利香肠，1 听未经加工的金枪鱼肉。

其他

10 个鸡蛋，酵母粉，速溶燕麦片，250 克清淡的酸菜，2 包松脆面包片，无添加剂或不含咖啡因的咖啡，催乳茶，甜食。

您可以在时间上、精神上和身体上减轻负担，但是您仍需要系统、及时地制定采购清单。

- 家人的帮助：当您的丈夫、您的父母或您的孩子想替您采购时，他们同样需要完整的购物清单。但您要考虑到，他们不会以您的眼光去挑选商品。重要的是，他们可以帮您的忙。在宝宝出生的最初几个月里，您的重心都在宝宝身上，很少有时间和精力去采购。

- 冷冻箱和冰柜也能为您提供很大的帮助：它们为您贮存冷冻食品。您可以购买健康的熟食和大量的蔬菜贮存其中，这样当您不想做饭，或有意外的访客时，也有足够的食物。无论如何您都应该有一个冷冻箱或冰柜。

分配并合理安排家务

您不要尝试着和分娩前做同样多的家务，也不要再幻想自己可以完成所有的事情。

- 找人帮忙：您可以找人帮忙擦窗户，把床单、被罩、台巾、桌布送到洗衣店。缝补的活儿交给缝纫店，去面包店买点心。

- 如果您家里还没有甩干机，您需要置办一个。微波炉可以让您方便快捷地为宝宝加热婴儿食品。另外，从长远看，您还应该购置一个洗碗机。
- 减少熨烫：免熨烫的派克衬衫取代传统的衬衫会减少需要熨烫的衣物；混合织料的床上用品不仅物美价廉，而且免熨烫；您也可以将羊毛的手洗衣物送到洗衣店。
- 在产假期间把一切大事化小：大扫除、家庭聚会、圣诞节烘焙，这些事都该推迟。

委派文书工作

家政不只是家务。文书工作和账单邮递或官方的手续一样需要完成。在本书第23页中您可以了解宝宝出生后需要办理哪些手续。除此之外，您也许还想通知邻居和亲友，接受他们的祝愿以及对宝宝的关心，确定宝宝的教父并让他为宝宝洗礼。这听起来是自然而然的事，但为此您却需要做很多工作。您要尽可能地把这些任务分配给您的丈夫。

如果您收到很多邮件，没时间逐个回复，您可以给所有的祝贺者群发一封信函，介绍一下您和宝宝目前的状况，再附上宝宝的照片和您的问候。

检查房子和院子的安全性

宝宝的安全问题变得尤为重要。婴儿用品和婴儿装备的生产商都考虑到了这个问题。但是您的家里呢？漂亮的儿童家具真的安全吗？您以宝宝的视角观察过您的家吗？当宝宝学会爬行时，他就不会待在自己的房间了，他会到您想象不到的任何地方去。

及时预防很重要，以免宝宝让您焦头烂额，损坏您心爱的东西，尤其要避免宝宝发生意外，对他的身体造成伤害。

婴儿房——环保

刚刚装修好、布置了新家具的房间看起来棒极了，但它也有缺点：刚出厂的材料会释放部分溶剂和甲醛。您可以在专门的生物建材商店进行咨询。

- 选择的地毯最好是天然材质，如剑麻、乳胶或黄麻。
- 选择不含聚氯乙烯的墙纸。
- 选择含酪素的颜料，而不是含防腐剂的颜料。
- 天然颜料企业生产的油漆值得推荐。
- 塑料黏结板制成的家具不适用于婴儿房。您可以了解一下防火板或石膏板。最好购买绿色家具专卖店的儿童家具。

安全监管

- 现在宝宝监控器在年轻父母中很流行。这样即使您在其他楼层，也可以看到宝宝的情况。在有很多孩子的家庭中，宝宝监控器可以起到临时保姆的作用：如果您想暂时离开宝宝，出门透透气，您的邻居可以接管这个“监控器”。同样，宝宝监控器在假期也能派上用场，您可以享受没有宝宝打扰的一顿饭或一个舒适的晚上。在选择宝宝监控器时，您要选择低辐射的机器，并且机器要和宝宝保持1米以上的安全距离——这样会减少电磁波辐射。

注意：

不要直接把宝宝监控器放进宝宝的小床里！宝宝和发送器或电源之间

至少保持1米的距离。

您不要完全依赖机器，每小时至少看一次宝宝（夜里除外）。

- 婴儿房的烟雾探测器可以为宝宝提供额外的保护，尤其在大房子里，您往往不能及时“闻到”危险。您可以将探测器插在高处的插座上，当有烟雾或煤气泄漏时，它会发出震耳欲聋的警报声。

小心宝宝摔倒！

在宝宝快 1 周岁时，他的活动范围变得更大，这时您应该查看家里是否存在安全隐患。在专卖店里有很多保护宝宝安全的产品。

- 插座保护：实验证明，宝宝很难打开插座上的可旋转塑料薄片，可上锁的安全罩对宝宝来说也很难打开。缺点：很贵，且每一个安全罩都需要一把钥匙。若您重新装修房子，可直接安装有保护功能的暗线插座。

装修婴儿房时，尽量选择天然材料。墙的颜色和结构、窗帘和地板都对宝宝的舒适感有影响，因此您应该选择明亮、清澈和令人愉悦的颜色。

• 确保宝宝不乱动门、抽屉和冰箱。这样不但有利于宝宝的安全，也可以防止宝宝把它们弄乱。对于有宝宝的家庭来说，门窗扣是不可缺少的。

• 防护栅栏可以保障宝宝在过道里和楼梯间的安全。可拆除的固定栅栏适合厨房及婴儿房。在过道里，可移动的保护栅栏更实用。

注意：

一些属于我们成年人的东西对宝宝来说很危险：烟草、酒精、香水、精油、指甲油、药物。不要随意乱放东西，去别人家时也要注意。

有宠物的家庭

如果在宝宝出生前家里饲养了猫或狗，您就必须有效地规避风险，并注意相关的卫生规定。另外：家庭宠物会降低过敏的风险！

• 狗狗尤其会忌妒宝宝的到来。您绝对不要通过隔离饲养或以视而不见的方式将狗狗拒之门外。额外的安抚及让狗狗参与到家庭生活中是最好的解决办法，这样就不会产生糟糕的结果。一般在几个月后，狗狗才会接受家庭的新成员。尽管如此，您也不要让宝宝和狗狗单独待在一起。

• 如果您家里养猫，那就需要注意，不要让它跳进摇篮或小床里躺到宝宝身上：宝宝会有窒息危险！

• 同样重要的是，要定期给猫狗驱虫，通过使用特殊的护理液避免害虫侵害宝宝。最好向兽医咨询合适的药剂。

• 尤其针对爬行阶段的宝宝：不要把宠物饲料盆放在地上，不要在宝宝面前给狗喂食。

照顾和帮助宝宝

虽然母婴之间的亲近很重要也很美好，但有时也避免不了几小时的分离。您可能要回到工作中、有重要的约会或者只是单纯想理发，也许您为了再次回归自我、汲取能量需要几个小时的距离感。对此您不要感到内疚，这很正常。在以前的大家庭里这是很自然的事，没什么问题。

现如今，祖父母、姑姑、阿姨和表亲几乎不会和年轻父母住在一起。如果您需要别人帮您照顾宝宝，或在遇到问题的时候需要好的建议和相应的支持，您就需要去找他们帮忙。在最开始的阶段，助产士能为您提供有关宝宝饮食和护理的帮助以及好的建议。在您分娩后的10天里，无论是在医院还是在家里都需要别人帮忙照顾宝宝。

- 宝宝的祖父母是最佳人选。在最初的一段时间，宝宝的父亲一般都会有假期。宝宝的父亲开始上班后，如果祖父母没有对您过度干预，由他们暂时帮忙很有必要。如果祖母能从长远考虑尽力帮助年轻父母，这将是一个两全其美的办法。大多数上班族的宝宝现在都是由祖母来照顾。

- 如果您晚上总想（或需要）出门，那么您在最开始的2—3年需要临时保姆。您要做长远打算，并形成自己的习惯。您最好在家的附近找两个可以带宝宝散步的临时保姆。您需要告诉她们如何给宝宝换尿布、洗澡，且一定要留下电话号码。不需要临时保姆的人，可以向中介服务寻求帮助，或查看报纸上的小广告：这样可以找到年长一些且受过专业训练的人，她们完全可以胜任照顾宝宝的工作，然而相应的费用也较高。

- 日间保姆越来越受欢迎：研究表明，这种照顾方式很好。不过，您需要自己来鉴定日间保姆是否称职。一般来说受过教育、家里没有小孩、年纪略长的日间保姆最可靠。其他寻找保姆的方式还有：日报的人才市场版面，口头宣传，在幼儿园和社区活动中心发布通知。

- 幼儿园的资源很紧张，几乎没有幼儿园接受1岁以下的宝宝。您首

附加建议：

您要与日间保姆签订合同，确定好权利、义务和解约通知期限。

先可通过师资的多少来判断一个幼儿园的好坏：孩子越小，需要的看护人员就越多。一个看护人员无法照顾4个以上不足2岁的宝宝。如果孩子们不在同一个年龄段，一个看护人员能照顾5—6个孩子。幼儿园的空间造型同样能传递很多信息。暖色系、宽敞的活动区，花园，清静的睡眠区都是加分项。若幼儿园能够相对灵活地安排时间，且允许新宝宝有几周的适应时间，那么这样的幼儿园也是很好的幼儿园。

- 宝宝爬行班并不适合父母是上班族的宝宝，但它会使全职妈妈的生活变得轻松，尤其是生完第一个宝宝后。您可以自己建立一个小团体，或是与乡镇、幼儿园、哺乳团体、助产士或报纸上的宝宝爬行班取得联系。一般宝宝和妈妈共同参加爬行班。在爬行班里，母亲们可以互相交流、互

尽管有着很强的好奇心，但宝宝们也不会一起玩耍。

相安慰、互相建议，然而宝宝们在出生第一年内相互之间还没有交流。爬行班可以作为将来宝宝的朋友圈，同时还可以驱走母亲的孤单感。有些团体还能代妈妈照顾宝宝。

和宝宝一起旅行

现如今，宝宝们已经不再完全与外界隔绝。一方面是由于缺少人力，另一方面是由于年轻人对母亲这一身份的自我认知的变化。作为母亲，我们希望自己可以不必依赖别人，变得自立，让宝宝尽可能地参与到我们的生活中。

在照顾宝宝这件事上很难在两个极端之间找到理想的平衡点：时时带着宝宝，是对宝宝要求过高；而过度保护宝宝，是对宝宝要求过低。这里有几个建议，让您学会如何避免压力。

小建议

- 如果您要带着宝宝出门 1—2 小时，您可以写一个物品清单，在上面列出宝宝需要的物品。把它贴到房门上，一定不要忘记奶嘴及其他喂奶的物品。
- 您可以准备一个包，里面装有尿布、奶嘴、手巾、玩具和您的基础膳食（甜食、瓶装水），在您准备出门时带上这个包。这会为您出门前节约很多时间。
- 尽可能不在交通高峰期出行。
- 对于短途来说，婴儿背袋就够用了，长途旅行时宝宝最好躺在婴儿车里（更多信息详见第 73 页）。
- 适用短途小旅行：用保温瓶盛装婴儿食物。您要知道装瓶时食物要保持什么温度，在 1—2 小时后才会变成适合食用的温度。

较长的车程

长途旅行时，您一定要考虑好宝宝的需求再打包行李。除了足够的尿布、衣物和食物外，为了让宝宝在旅途中能躺着睡觉，您还应携带摇篮或婴儿车。

- 如果您自驾游，最好选择在晚

做好准备，您也可以在途中换尿布。

上出行。这样可以避免可能的拥堵，车里不会太热，宝宝也更容易入睡。若您要在白天开车，则需要注意防晒(参见第77页)，并且要至少每两小时休息一次。不要计划太长路途的旅行，预订适合宝宝入住的旅馆房间（最好可以在朋友或亲戚处留宿)。

• 德国铁路股份有限公司的长途火车设有儿童车厢，一般是餐车旁的二等车厢。若您想使用儿童车厢，需要提前预订。您可以携带婴儿车。您可以将稍大一点的行李托运，也可寄送到目标地址——24小时之内。4岁以下的宝宝免费乘车，尽管如此，您依然可以有座位要求。

• 大多数航空公司可以为带宝宝的成年旅客提供特殊的、腿部活动范围较大的座椅。这样即使在飞机满载的情况下，您也可以把孩子的摇篮放在您的脚旁。很多航空公司提供婴儿背袋及换尿布所需的物品，卫生间有为宝宝换尿布的桌子。您可以将婴儿车托运。大多数情况下，您有优先登机权。通常宝宝乘飞机的票价是成人

附加建议：

在起飞和降落时，您要将奶瓶或奶嘴放在随手可取的地方：压力的变化会使宝宝耳朵痛，吞咽动作可以在此时平衡压力。

票价的10%。这种情况下宝宝不能独占一个座位。

旅行中的饮食

如果您不是完全用母乳喂养宝宝，就一定要携带几顿宝宝的餐食。

- 您可以将水放进保温瓶中携带。

您可以将其他食物先烹制好，做成冷的，根据需要在车内用奶瓶加热器为食品加热。您也可以在火车的餐车上或飞机的厨房内用蒸锅加热宝宝的食物。

- 第二种可能：您带一个装有热开水的大保温瓶，需要时将宝宝的食物和热水混合放在奶瓶中。坐飞机时不允许携带容量超过100毫升的水瓶或水杯登机。

宝宝要至少半岁才能到海边度假。

科技的进步使我们的生活变得很轻松，但是也变得更复杂！当宝宝来临时，您要做好准备，但不要准备过度：保持理性思考，这样可以为您省下很多不必要的支出。

您需要什么

当您查阅儿童商品目录时，您会被它吸引：每个商品都有它不同的用途，它们都是为了使婴儿房变得更漂亮，使婴儿房变得更完美。然而并不是所有漂亮的东西都是实用的，有的时候漂亮的东西非常不实用。

在孕期的后半段，每个准妈妈都会经历“筑巢”的阶段，想为宝宝准备好所有东西。您要不断地问自己，您打算购置的物品宝宝是否真正需要，记住只购买最需要的东西。您可以从朋友那儿借一些东西，或者购买二手物品。您也可以在附近的幼儿园通知板上贴一张求购广告。在最初几个月您可以按需添置物品或等着别人送给您。您可以把省下的钱为宝宝存起来，不久之后您会发现已经存了很多钱。几年之后，您可以将这些钱用于宝宝的音乐课或购买曲棍球装备等。

- 还有一个建议：宝宝在最初几周还不需要的东西也应在分娩前准备好。请您在婴儿用品商店里做相关咨询，并记录下您购买的东西。若您一直保留记录的习惯，您的先生就能补充缺失的物品。

宝宝的基本装备

分娩前的两个月，您就应该准备好宝宝的基础装备了。您应该知道如何给宝宝换尿布，提前准备好小床、小摇篮、婴儿车、换尿布的桌子和浴盆。您也要提早考虑乘车的问题——分娩后坐车从医院回家。如果您完全以母乳喂养宝宝，就可稍晚再购买与饮食相关的东西。

- 接下来我会针对首次购买提出一些建议。在护理和饮食的章节里(参见第 32 页和 80 页)，您可以找到更多的信息。

尿布

您最好在分娩前就决定使用什么样的尿布并提前购置好，这会使分娩后的几周变得更轻松。若您仍未决定用哪种尿布，可以选择在商店购买一包一次性尿布。但这也意味着您在分娩后几天才购买尿布——这可能会很费劲。您也可以通过网络购买尿布。

新生宝宝的装备

这里有一份物品清单，上面列举了最初几周您需要购置的物品。从最小的东西开始置办，因为一般我们都会从别人那里收到一些礼物。此外，要每两天为宝宝洗一次衣服。宝宝很快就穿不进去第一周的衣服了。

在选择衣服时，您要考虑到宝宝细嫩的皮肤：鲜艳的颜色常含有有害成分，淡而柔和的颜色或自然色更健

您在开始阶段需要的东西：

- 2 打棉纱尿布和 2 条羊毛裤子（或有羊毛层的橡胶尿裤或 1 包有金属涂层的尿布）。

或

- 1 打可洗尿裤与 1 打尿布垫和 2 条透气的防潮裤子。

或

- 1 包一次性尿布（最小尺码 3—5 千克）。

此外

- 1 包无菌纱布（5cm×5cm，药房有售）；
- 1 卷橡皮膏（药房有售）。

提前做好计划，这样您在宝宝出生后就能更好地享受和宝宝在一起的时间。

最初宝宝需要的衣服：

- 4件短袖套头衫；
- 4件棉毛衣（最好选择后背系扣的）；
- 6条小裤子，视您使用的尿布而定；
- 4条连袜裤；
- 2件裙式睡衣或2件睡衣加2件连脚裤；
- 2顶小棉帽；
- 1件羊毛衫、1顶羊毛帽；
- 2双羊毛鞋；
- 1双羊毛手套；
- 4条棉纱尿布或薄毛巾用作宝宝的“围嘴”。

在寒冷的季节还需要：

- 1条保暖工装裤；
- 1双保暖手套；
- 1双皮鞋。

在炎热的季节还需要：

- 1顶遮阳帽；
- 2条短裤；
- 2件短袖毛衣；
- 2双棉袜；
- 棉质夹克衫。

康环保。您要选择棉或羊毛等天然材质，并在第一次穿之前用40—60℃的水将宝宝的衣服彻底洗净——但不要用柔顺剂。

挑选衣服的建议

- 50—56码的衣服适合新生儿。小内衣和小裤子不要太宽松，否则宝宝会着凉。选择大一码的连袜裤和毛衣。
- 紧身连体内衣可防滑，且不必从宝宝的头部穿进去——适合宝宝。但若宝宝裤子湿了，您就必须更换整条连体内衣。此外，上下一体的内衣很快就变小了。因此对新生儿来说，分体的成套内衣更实用，当宝宝大一点时，才更适合连体内衣。
- 裙式睡衣尤其适合晚上。因为您不必脱下宝宝全身的衣服为他换尿

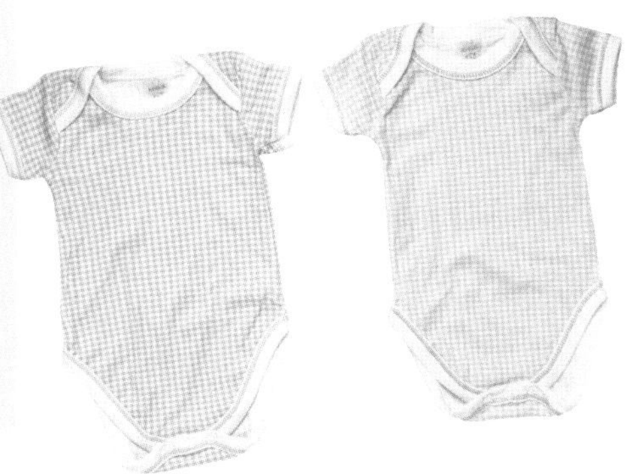

宝宝的衣服应该既漂亮又实用

布，而只需要打开下面的纽扣。这种衣服适合 1 周岁前的宝宝，另外它还能保证宝宝腿部有足够的活动空间。

• 白天时，长裤对于宝宝来说更方便。比起连脚裤，长裤的使用时间会更长。您应该考虑为宝宝购置小袜子和羊毛鞋。学步鞋并不实用：宝宝最好光脚走路，或者穿皮鞋和短袜。

• 二手衣服不仅更便宜，也更有利于皮肤：颜料和其他加工成分已经被洗掉。

宝宝的睡榻

• 选择有很多：室内婴儿车、摇篮、篮式小床和普通小床都可以。在第 57 页您能了解到不同的婴儿睡榻有哪些优缺点。从经济的角度来看，对于不断长大的宝宝来说普通小床最经济实惠。如果您计划不久再生一个宝宝，那么室内婴儿车、摇篮或特制的婴儿床都很适合。篮式小床相对贵一些，作为运输工具也很不安全。

• 如果您或您先生是过敏症患者，您需要注意：与床铺相关的物品是否通过了过敏测试。羊毛、羽毛、马毛、椰棕等材质的物品都不适用。

若您家中已经有了婴儿用品，您可以先尝试着使用它们。您最好仔细观察您的宝宝是否出现过敏症状。

从浴盆到尿布柜

关于洗澡和换尿布有大量实用的“解决办法”，但和前面提到的一样，您也要先少量购买相关用品。

• 您家里肯定有洗脸盆。但不得

最初的床上用品：

• 2 个棉质表层的防水软垫；

• 2—3 个床罩或绒巾；

• 6 块小绒巾或放在床头的厚棉纱垫；

• 1条羊毛被或人造纤维被子；

• 为有栏杆的婴儿床准备 1 个保护头部的设备；

• 1 个爬行罩；

• 2 个夏季用的轻薄的、凉爽的棉睡袋；

• 冬季用的充棉睡袋。

您可以在百货商店或专卖店购买以米为单位计价的绒巾，相对来说较便宜。请您根据需求用剪刀裁剪绒巾。绒巾不用锁边。

已时您可以把宝宝放到浴盆里洗澡。相对来说婴儿浴盆是最超值的，因为它有排水功能。尤其在寒冷的季节您肯定想让宝宝在温暖的浴室里洗澡，但是常常空间不够。当宝宝六七个月大可以坐着的时候，最好让他坐在浴盆里。简单的小板凳就足够用了。如果您在尿布柜上方安装一个电热器，宝宝洗澡后就不会着凉。

- 裹布很漂亮，但不实用。您只需安置一个尿布柜。也有婴儿专家建议在父母的床上为宝宝换尿布——但这有争议。

如果在路上需要换尿布怎么办？您当然可以购买或向亲朋好友索要一个包裹袋，但您也可以将精油、化妆巾、一次性毛巾以及尿布放到塑料袋里。

另外您还应该带一块厚一点的布作为尿布垫（毛巾布或绒布，80cm×80cm）以及装脏尿布的塑料袋。所有东西您都可以装到背包里、篮子里或高档购物袋里。您喜欢就好！

- 有关包裹宝宝的信息详见第42页，有关宝宝洗澡的信息详见第45页。

护理身体的物品：

- 有塞子的婴儿浴盆；
- 洗脸盆；
- 小板凳；
- 柔软可洗的垫子；
- 电热器；
- 1个有盖的尿布桶，1个小垃圾桶，1个小衣物袋或类似的东西；
- 2条浴巾（最好1m×1m大小，可以一直用到上小学）；
- 6条毛巾；
- 1支软毛牙刷；
- 1个指甲刀；
- 1瓶婴儿精油；
- 1瓶宝宝臀部润肤霜；
- 几卷超柔卫生纸或化妆巾；
- 婴儿肥皂；
- 测试洗澡水温度的温度计；
- 热水袋（大）。

宝宝的活动范围变大了

在最初几个月，宝宝会拓展他的“游戏区域”，慢慢地就会需要爬行罩和围栏。此外，若您想了解宝宝在不同时期适合什么玩具，可以参考第170页起的相关内容。

- 若宝宝处于躺和坐的过渡期或您在忙碌的时候想要一直看着宝宝，可以为宝宝购置一个垫子。简便单一的款式最容易搬运。

- 宽大且厚实的彩色爬行罩适合宝宝最初的“地面练习”。

- 幼儿围栏适用于空间较大的厨房和客厅，因为护栏要求的基本面积应该至少是1.2m×1.2m。它可以让您不必时刻关注宝宝，也会帮助宝宝直起身来站立。若厨房特别小，而且对宝宝来说很危险，您可以在厨房的门上安装一个小栅栏门。

有关饮食

- 决定母乳喂养宝宝的父母，暂时还不需要购置奶瓶和奶嘴，但在宝宝胃胀时您可以给他喂些茶。若您家中有喂茶所需的全部物品，会让宝宝很快平静下来。另外，在宝宝比较虚弱时不适合用满瓶奶给宝宝喂食，因为可能会导致宝宝吃得过饱。其他有关奶瓶及相关产品的信息您可以参见

如果宝宝是母乳喂养，您需要：

- 2个带吸嘴的茶瓶（150毫升，硅酮，最小规格）；
- 2个橡胶奶嘴（硅酮，最小规格）；
- 1个奶瓶刷；
- 1个保温壶；
- 袋装或散装兰芹茶、茴香茶或茴芹茶；
- 适合宝宝饮用的矿泉水；
- 也许您还需要4个硅酮奶嘴，最小规格。

如果您用奶粉喂养宝宝，您还需要：

- 4个奶瓶（约250毫升）；
- 4个喝茶的吸嘴（硅酮，最小规格）；
- 1个用来消毒的蒸汽灭菌器或压力锅；
- 1个保温盒；
- 1个热瓶器；
- 1包婴儿食品或低致敏食物；
- 1个电子食物秤。

第 112 页。

注意：

在使用保温瓶时：您要注意瓶子的易碎性，并在每次喂食前用手腕内侧检查温度。

● 下面提到的饮食用具您在最初几周还用不到。只有给宝宝喂辅食时，它们才会派上用场。在宝宝坐得稳并且能和您一起进餐时，您才需要购买高脚椅。

宝宝用来学习吃饭的杯子和盘子最好是塑料材质的，它们既轻便又稳固。保温盘可以是怀旧风，也可以是瓷质的，但它们并不适合用来学习吃饭。其优点在于可以保持食物的温度，且不会烫到宝宝。

在学龄前，我们要一直让宝宝使用保温盘，因为他们吃饭通常很慢。

您需要注意，宝宝的围嘴要足够大，能够盖住宝宝的肩膀和胳膊。在为宝宝喂食时围嘴还应该盖住他的膝盖。特别实用的一个建议：用旧毛巾剪一个围嘴，然后再缝上带子。

运输工具：婴儿车和婴儿背袋

宝宝不能没有婴儿车，您可以事先了解购买婴儿车的注意事项。住在城市的父母也几乎不会放弃使用婴儿背袋。您需要在缠绕式婴儿背袋和坐式婴儿背袋之间做选择。首先您可以在朋友那儿试一试哪种婴儿背袋更适合您，并和宝宝的父亲共同做决定——因为他也要背宝宝。在第 77 页您可以了解它们各自的优缺点。

长途旅行

开车出行的人不能没有婴儿座椅（详见第 75 页）。此外，车内侧面和后面的遮光罩会使旅程更舒适（汽车配件商店有售）。可以连接到点烟器上的奶瓶加热器适合较长的车程。

几个月大的宝宝在旅途中可以在

针对宝宝的饮食有几个非常实用的发明，例如：用来学习喝水的杯子。

可能的辅食配件：

- 1个带有斜嘴的稳固的杯子；
- 1个有吸座的用来学习吃饭的盘子（尽可能选择可以盛装热水的款式）；
- 1个保温盘；
- 2—3个浅塑料勺；
- 1个可旋转90度的勺子；
- 1个捣棍；
- 1个儿童高脚椅；
- 7个围嘴。

婴儿车及配件：

- 1辆婴儿车；
- 软垫、防雨布和遮阳伞；
- 小床上的毯子（被子）；
- 婴儿羊毛垫；
- 用作垫子的毛巾；
- 1个暖脚套（夏天用充棉的，冬天用羊皮的）；
- 购物袋或购物篮。

或

- 1个婴儿背袋。

婴儿车中过夜。您也可以用卷垫和长枕为宝宝营造一个简易的小窝。宝宝满1周岁后，在旅行时就需要小床了。请您根据需要购买：有些酒店提供婴儿床；宝宝在祖父母和您朋友家可以睡在地板上的“小窝”里。宝宝在4岁时就不再适合睡折叠床了，因为这时他已经很重了。

有关汽车：

- 1个经安全测试的婴儿汽车座椅；
- 遮光罩；
- 车载奶瓶加热器；
- 可能用得到的折叠床。

如果您做好了全面准备，带宝宝旅行将不是问题。

母亲的清单

- 在您有了奶水后乳房会变大。因此在分娩前您要购买一两件简易、可拉伸、在前面系扣的哺乳胸罩，胸罩的型号要比以前大1—2号。

- 您的乳房并不是完全“密封的”，无论在白天还是晚上奶水都有可能流出来。防溢乳垫可阻止奶水外流，也可避免您的衣服出现污渍。一次性的防溢乳垫相对较贵，但会为您节省时间。然而可洗的防溢乳垫会更亲肤：纯棉或超细纤维的密封性好，羊毛、丝绸材质对乳房有好处（丝绸含有具备治疗效应的天然成分）。

- 黄亚麻子有助于软化粪便。在哺乳期您要大量饮水。

注意：

防溢乳垫经过清洗后（根据使用说明）要通过熨烫进行消毒——尤其是内侧。

住院行李：

- 1或2件哺乳胸罩；
- 10个棉/超细纤维防溢乳垫或6个羊毛/丝绸哺乳配件（专卖店有售）或1包一次性防溢乳垫（卫生用品商店有售）；
- 2件睡衣或系扣的睡衣（不得已时您可以使用丈夫的睡衣）；
- 1件轻薄的羊毛衫；
- 1包大的绷带（针对产后分泌物）；
- 1包黄亚麻子；
- 回家路上所需的衣服。

分娩后的衣着

如果您在分娩后的几个月仍穿不上自己喜欢的衣服，不要感到沮丧。您的身体还需要时间恢复。

在夏天请选用简便的、前面系扣的衣服，在商店里您可以找到腰部有松紧带的裤子，而且很便宜。针织衣在冬天更实用，您在购买时尽量选择系扣子的款式。

如果您要在公共场合为宝宝哺乳，就需要前面系扣的上衣。因为如果掀起毛衣哺乳，会阻碍您和宝宝的眼神交流，也会使您的腹部裸露出来。

一旦从二人世界变成了三口之家，您的很多法定权利也随之发生了变化。您要尽早了解相关规定，否则您会错失很多权利。您应该利用您的法定权利保护您和您的宝宝，并使自己的生活变得轻松。

您的权利

您要了解并合法使用自己的权利——宝宝不仅是您的家人，也是社会的一员。

立法者针对宝宝出生制定了诸多法律。其主要目的在于使宝宝和父母的生活变得轻松，减轻家庭的负担。如果您能充分了解这些法律，就会从中受益。当您受到来自雇主或职务上的阻力时，这些法律尤其适用。如果您非常了解自己的权利，问题一般很快就会解决。另外，以下建议只适用于德国。如果您在其他国家或地区生活，请您向当地政府机构或法律部门获取相关资料及寻求其他帮助。

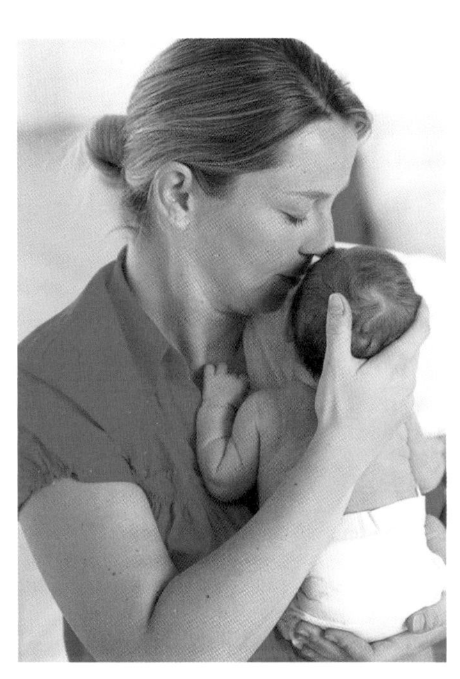

整套“官僚机构”的手续可能很麻烦，但它是为了保护您和宝宝。

国家为产妇提供保护

- 《孕产妇保护法》保护处于劳动关系中的准妈妈们。其中主要规定孕产妇在什么时间以及什么情况下可以不必工作或相应减轻工作。一般情况下，孕妇在预产期前6周就不必工作了，当然在准妈妈愿意的情况下可以继续工作。产妇在分娩后8周内也同样不必工作。在早产和多胎分娩的情况下，孕妇保护期会延长至12周。如果孕妇过早分娩，还会享有额外的保护期。原则上禁止雇用处于保护期内的产妇。

怀孕时，您会从繁重的身体工作中解放出来，比如：举、扛以及射线检查或在实验室处理危险物质等对宝宝有危险的工作。当您不能完成合同规定的工作时，您的雇主会为您安排其他您能胜任的工作。如果您拒绝这样的工作，就意味着您失去了索赔的权利。

- 如果您在工作的同时需要为宝宝哺乳，您有权获得每天两次各30分钟或每天一次1小时的哺乳时间。如果每天您的工作时间总计超过8小时，您有权要求每天两次至少45分钟的哺乳时间。如果您的工作地点没有哺乳区，您每天可以有至少90分钟的哺乳时间。哺乳时间不会导致您的收入减少，也不能计入您的休息时间。

- 您应尽早通知雇主您怀孕的消息。《孕产妇保护法》已经考虑到这一点，只有这样雇主才能考虑到您和宝宝要获得必要的保护。

如果您搁置通知，雇主不会给您相应的权利。但在一些情况下，雇主有权知道您是否怀孕，比如说他必须招聘新人来替代您的部分工作。如果您不向雇主陈述清楚，将会威胁到您的索赔权。

- 父母双方可以单独或共同享有长达3年的育儿假，以便他们可以照

单身母亲的权利

单身母亲可以要求宝宝的父亲支付分娩前6周和分娩后8周的护理费用。当母亲分娩后，若因为孕期患病或照顾宝宝而不能工作，她也有要求宝宝父亲支付生活费用的权利。这项权利最早在宝宝出生前4个月生效，至少持续3年。

此外，权利是否生效还取决于一些特殊情况，尤其是宝宝由父母以外的人来照顾时。如果父亲照顾宝宝，他有权要求母亲支付费用。

顾宝宝。如果您的雇主同意，您可以将12个月的育儿假分散到宝宝3—8岁之间，比如：针对宝宝上学的第一年。

您必须在育儿假开始前7周通知雇主。育儿假期间，劳务关系暂停。

育儿假结束后，您有权要求回到最初的或同等的工作岗位上。在您提出休假申请后，在育儿假期间雇主不能解除合同。如有例外，则需要经由负责劳动保护的最高级别联邦当局或其下设的办事处批准。

- 如果宝宝生病需要您照顾，您可以暂时不必工作。对于公职人员来说，这种情况在《国家公职人员法》当中有相关规定。您应该在您的工作单位了解相关信息。

如果您是法定医疗保险的成员，在您不工作期间将没有薪水。但父母双方每年都有10天，单亲父母则有20天的休息时间。前提：孩子必须在12岁以下，能够出示有关疾病和需要护理的医生证明，并且家里没有其他能照顾孩子的人。医保公司会支付病假补助金。

只有在短期不工作的情况下才有薪水，也就是说待在家照顾孩子的时间不超过5天。前提是孩子不足8岁，并且您的劳务合同对这一点没有做特殊说明。

父母对宝宝的责任

父亲和母亲对宝宝的健康成长同样重要，从宝宝出生开始就是如此。法律在大量的规定中都考虑到了这一事实。只有在涉及监护权时，才区分已婚父亲和未婚父亲。

- 已婚父亲和母亲共同享有抚育宝宝的权利。与已婚父亲不同，根据现行规定，未婚父亲没有经过母亲同意或在母亲反对的情况下，不能和母亲一起抚育宝宝。为了和宝宝母亲共同抚育宝宝，您必须和宝宝的母亲在青年福利局签署一份监护声明。这项法律在2010年7月21日被德国联邦立法院判为违反宪法规定的条例。父亲不该因为没有母亲的同意就失去抚育宝宝的权利。尽管现在法院还未出台相关规定，但是如果母亲不想和父亲共同抚育宝宝，而父亲认为共同抚育对宝宝有好处，他可以到法院起诉。

尽管立法者会颁布哪些规定依然悬而未决，但无论如何这会让单亲父亲们觉得和宝宝母亲共同抚育宝宝变得更容易了。

宝宝需要与父母双方的来往。

- 法律规定的探视权使父母双方有了同等的权利：如果父母离婚，与孩子生活时间少的一方，不仅有探望的权利，也有探望的义务。如果父母双方有冲突，应到青年福利局或负责婚姻咨询的中心咨询。孩子能够察觉，你们是否和睦或是否有冲突。父母争吵会使孩子受伤。

如果经过很大的努力你们仍不能达成一致，就需要走上法庭了。

- 在抚养费的问题上，父亲和母亲也是等同的。离婚后主要照顾孩子的一方可以要求另一方承担抚养孩子的费用，直到孩子独立。这一般意味着需要支付到孩子职业教育结束。

0–1 岁一览表 

	第7个月	第8个月	第9个月
成长	宝宝可以将玩具从一只手换到另一只手上。	宝宝不再总是面带微笑，他对陌生的面孔会感到抗拒。 现在宝宝不需要帮助也能坐着：可以坐高脚椅了！购买建议参见第130页。	请您保证房间的安全性。您的宝 会尝试着爬到家具上去，并且不 “刹车”。
健康	第五次体检：现在能检查到宝宝“俯卧”和“抓取”的能力。体检的范围变得更大。 宝宝在母亲子宫里获得的免疫能力减弱，但是现在疾病并不会击倒宝宝。	这个阶段宝宝的听力和视力发展得很快。如果怀疑宝宝发育迟缓，一定要为宝宝做检查。	把紧急电话号码贴在电话旁——安 起见。
食物	新的下午茶——水果谷物粥（参见第126页）。		宝宝适应了辅食。快1岁的时候， 宝几乎只有在早上才需要喝奶。
您和您的家人	旅行计划？宝宝半岁后，您就可以带着他旅行了。 您可以适当减脂。建议和帮助参见第165页。		您还需要一定的时间将身体恢复到 来的样子。基本规律：怀孕的9个 让您的身体发生了很大变化，生产 的9个月也会让您的身体慢慢恢复。 有关身体护理和复原体操的内容参 第156—167页。

第10个月	第11个月	第12个月
这个阶段宝宝的抓取能力已经得到了充分发展：宝宝可以拾起地面上的一根绒毛。	真正进入爬行阶段！ 如果您支撑住宝宝的两只手，他会尝试走出第一步。	宝宝说的第一句话： 会是“妈妈”还是“爸爸”？
第六次检查在宝宝10—12个月大的时候进行，是宝宝1岁内进行的最后一次检查：再次检查宝宝所有的感官以及灵活性。		与出生时相比宝宝快1岁时会长大50%，宝宝在接下来的几年里不会打破这个纪录了。
	宝宝会啃自己的手指。若宝宝误吞了东西：急救信息在第239—240页。	宝宝已经可以和您一起在桌上吃饭了。这时候您可以给宝宝使用学习吃饭的杯子或者真正的玻璃杯或无柄杯。
如果宝宝已经断奶，您可以进行胸部训练（参见第156页）。 宝宝要“坐得稳”：第一次家庭郊游宝宝可以在爸爸的车上、背在背上或在婴儿车里。您从这时起能享受到很多共同的乐趣。		有关育儿假信息详见第268—269页。

图书在版编目（CIP）数据

宝宝的第一年 /（德）达格玛·冯·克拉姆等著；
徐丽娜译 . — 西安：太白文艺出版社，2019.3
ISBN 978-7-5513-1642-2

Ⅰ . ①宝… Ⅱ . ①达… ②徐… Ⅲ . ①婴儿—哺育
Ⅳ . ① TS976.31

中国版本图书馆 CIP 数据核字（2019）第 007995 号

著作权合同登记号 图字：25-2018-168 号

宝宝的第一年
BAOBAO DE DIYINIAN

作　　者　[德] 达格玛·冯·克拉姆　胡贝图斯·冯·福斯
　　　　　埃伯哈德·施密特　伊丽莎白·施密特
译　　者　徐丽娜
责任编辑　马凤霞　彭　雯
特约编辑　肖　瑶
整体设计　Metis 灵动视线
出版发行　陕西新华出版传媒集团
　　　　　太白文艺出版社（西安市曲江新区登高路 1388 号　710061）
　　　　　太白文艺出版社发行：029-87277748
经　　销　新华书店
印　　刷　北京旭丰源印刷技术有限公司
开　　本　710mm × 1000mm　1/16
字　　数　230 千字
印　　张　18
版　　次　2019 年 3 月第 1 版　2019 年 3 月第 1 次印刷
书　　号　ISBN 978-7-5513-1642-2
定　　价　69.80 元

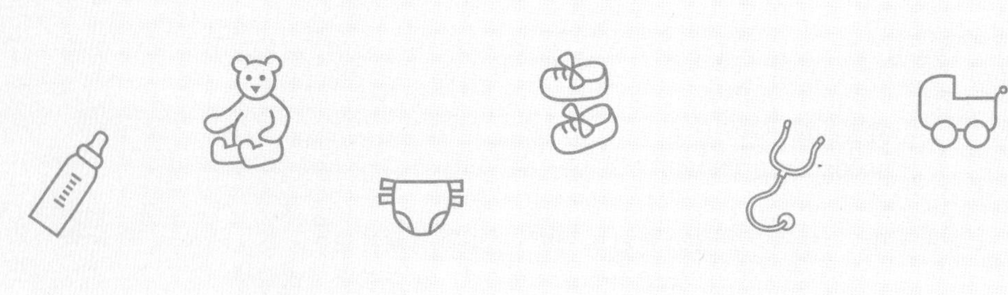